Gamal Hazza
Salem Zerkaoui
Saeed Al-Ghamdi

Divulgação da utilização de aquecedores solares de água na região de Al Baha

Gamal Hazza
Salem Zerkaoui
Saeed Al-Ghamdi

Divulgação da utilização de aquecedores solares de água na região de Al Baha

ScienciaScripts

Cover image: www.ingimage.com

This book is a translation from the original published under ISBN 978-3-659-89128-1.

Publisher:
Sciencia Scripts
is a trademark of
Dodo Books Indian Ocean Ltd. and OmniScriptum S.R.L publishing group

120 High Road, East Finchley, London, N2 9ED, United Kingdom
Str. Armeneasca 28/1, office 1, Chisinau MD-2012, Republic of Moldova, Europe
Managing Directors: Ieva Konstantinova, Victoria Ursu
info@omniscriptum.com

Printed at: see last page
ISBN: 978-620-8-59769-6

AGRADECIMENTOS

Gostaríamos de expressar os nossos sinceros agradecimentos ao Deanship of Scientific Research da Universidade de Albaha pelo apoio financeiro a este trabalho.

Além disso, a nossa gratidão e reconhecimento estendem-se à Direção da Faculdade de Engenharia por nos permitir utilizar a estação meteorológica que pertence à faculdade para recolher dados climáticos relacionados. Apreciamos muito o esforço e a ajuda do Sr. Ahmed Jar Allah Al-Ghamdi e do Sr. Yahya Saeed Salem Al-Zahrani pela sua ajuda durante a fase de recolha de dados deste trabalho. Agradecemos também a todos os habitantes da região de Al Baha que nos permitiram instalar aparelhos de medição e medir os consumos de eletricidade nas suas habitações.

AUTORES

GAMALABDULWARETHHAZZA SALEMMAJEEDZERKAOUI SAEEDAHMEDAL-GHAMDI

FOE, Universidade de Albaha, KSA

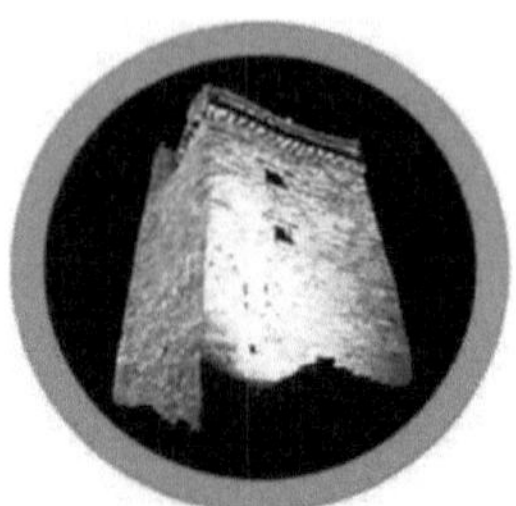

Al Baha é uma província situada no sudoeste da Arábia Saudita. É uma das principais atracções turísticas do Reino. Goza de um clima agradável e está rodeada por muitas florestas. A cidade de Al Baha é a sede do governador, dos conselhos locais e dos departamentos governamentais. A cidade de Al Baha está repleta de instituições educativas, turísticas e de saúde. É considerada a capital das tribos Ghamidi e Zahrani na Arábia Saudita, e a maioria dos seus habitantes pertence às tribos nativas.

O clima em Al Baha é grandemente afetado pelas suas caraterísticas geográficas variáveis. De um modo geral, o clima em Al Baha é ameno, com temperaturas que variam entre os 12 e os 23 graus Celsius. Devido à sua localização a 2500 metros acima do nível do mar, o clima de Al Baha é moderado no verão e frio no inverno.

Na zona de Tehama da província, que se situa na costa, o clima é quente no verão e morno no inverno. A humidade varia entre 52% e 67%. Enquanto na região montanhosa, conhecida como As-Sarah, o clima é mais fresco no verão e no inverno. A precipitação na região montanhosa situa-se entre 229 e 581 mm. A média anual em toda a região é de 100-250 mm.

ÍNDICE

AGRADECIMENTOS 1

ÍNDICE 3

Resumo 4

Capítulo 1 5

Capítulo 2 17

Capítulo 3 34

Capítulo 4 43

Capítulo 5 53

Capítulo 6 62

Resumo

O padrão de consumo de energia da Arábia Saudita é insustentável. O país consome atualmente mais de um quarto da sua produção total de petróleo. Isto significa que se tornaria um importador líquido de petróleo em 2038. É possível que se descubram mais reservas de petróleo e se aumente a produção, que o crescimento demográfico diminua e que novas políticas e tecnologias alterem os padrões de consumo, mas, na ausência de tais acontecimentos e com a elevada dependência do país das receitas do petróleo, a economia entraria em colapso antes desse momento.

Uma vez que a energia é um fator essencial para os processos produtivos que geram a produção de um país e para os serviços que melhoram o nível de vida das pessoas, a utilização de mais energia pode ser considerada uma coisa boa. No entanto, a utilização de mais recursos energéticos do que os necessários para produzir determinados resultados ao longo do tempo resulta num desperdício de recursos, perdendo-se assim uma oportunidade de os utilizar ou de investir o seu valor noutro local.

Por conseguinte, a Arábia Saudita estabeleceu o objetivo de produzir quase metade da sua energia a partir de energias renováveis até 2020, a fim de satisfazer as necessidades energéticas internas e libertar petróleo e gás natural para exportação.

Devido à necessidade da Arábia Saudita de diversificar a sua energia e ao grande potencial das fontes de energia renováveis nas montanhas ocidentais com o pico mais alto a 2000 m acima do mar, o aquecimento de água doméstica por energia solar térmica na região de Al Bahah é considerado neste trabalho.

A água quente necessária para uso doméstico e outros consumidores nas terras altas da região de Al Baha é obtida por meio de aquecedores de água eléctricos (EWH). O custo da energia produzida pelos aquecedores solares de água é calculado para os consumidores domésticos. O valor atual do custo anual da energia poupada, durante a vida do projeto, é comparado com o custo de capital do sistema de aquecedor solar de água, a fim de mostrar a viabilidade económica da utilização de aquecedores solares de água em vez de aquecedores eléctricos de água.

Além disso, este trabalho avalia o impacto ambiental da utilização de aquecedores solares de água (SWH) em vez de EWH. A energia produzida pelo SWH é avaliada. Em seguida, é calculado o combustível equivalente necessário para satisfazer a procura de aquecimento. Além disso, a redução das emissões das centrais eléctricas devido à utilização de SWH é estimada, mostrando o impacto ambiental positivo do SWH.

Capítulo 1
Potenciais energéticos no KSA
(Uma visão geral)

By Linkeden

1. Potenciais energéticos no KSA (uma visão geral)

1.1 Produção de energia

A Arábia Saudita possui quase um quinto das reservas de petróleo comprovadas do mundo, é o maior produtor e exportador de líquidos totais de petróleo do mundo e mantém a maior produção de petróleo do mundo (ver Figuras 1.1 e 1.2)[1]. A Arábia Saudita foi o maior produtor e exportador mundial de líquidos totais de petróleo em 2012, o maior detentor mundial de reservas de petróleo bruto e o segundo maior produtor mundial de petróleo bruto, atrás da Rússia.

A Arábia Saudita produziu, em média, 11,6 milhões de bbl/d de líquidos petrolíferos totais em 2012. Para além de 9,8 milhões de bbl/d de petróleo bruto, a Arábia Saudita produziu 1,8 milhões de bbl/d de líquidos de gás natural (NGL) e outros líquidos (ver Fig.1.3). A Arábia Saudita mantém a maior capacidade de produção de petróleo bruto do mundo, estimada em pouco menos de 12 milhões de bbl/d no final de 2012 (os outros líquidos de petróleo, que não estão sujeitos a quotas ou objectivos de produção da OPEP, são produzidos em plena capacidade).

As exportações de petróleo representaram quase 90 por cento do total das receitas de exportação sauditas em 2011 [2]. A Arábia Saudita tinha reservas comprovadas de gás natural de 288 triliões de pés cúbicos (Tcf) no final de 2012, a quinta maior do mundo, atrás da Rússia, do Irão, do Qatar e dos Estados Unidos, segundo estimativas da EIA. Cerca de 5 Tcf foram adicionados em 2012 e, na última década, a Arábia Saudita adicionou mais de 60 Tcf de reservas de gás natural. A maioria dos campos de gás na Arábia Saudita está associada a depósitos de petróleo ou encontra-se nos mesmos poços que o petróleo bruto.

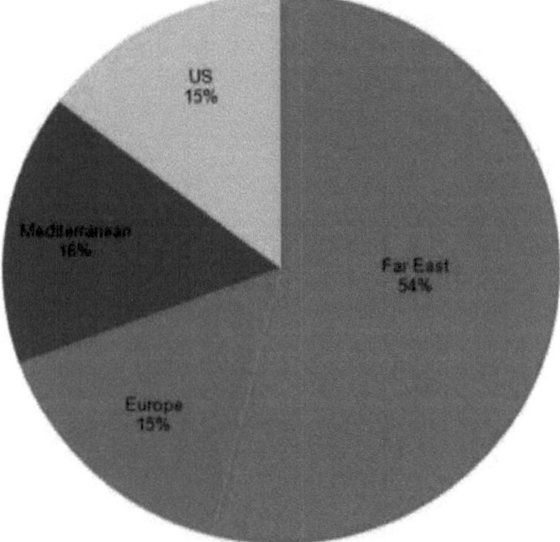

Fig. 1.1 Exportações de petróleo bruto saudita por destino (2012)[3]

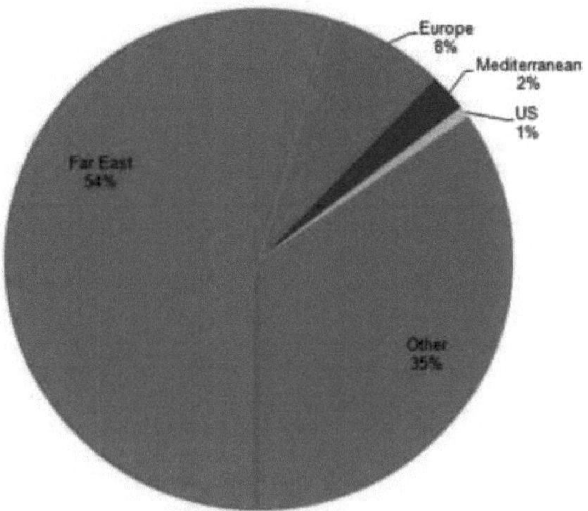

Fig.1.2 Exportações sauditas de produtos refinados por destino (2011)[3

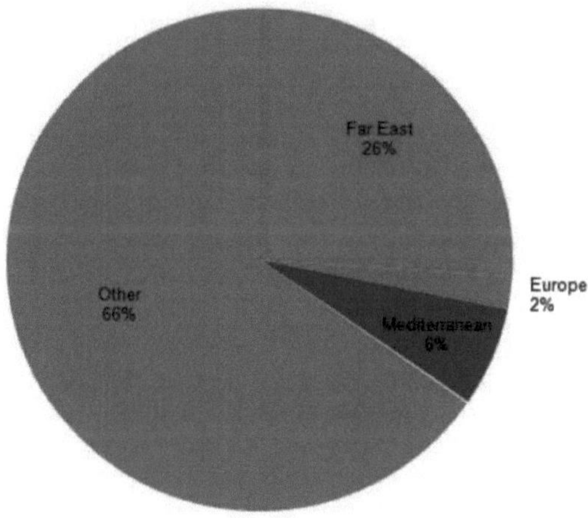

Fig.1.3 Exportações sauditas de LGN por destino (2011)[3]

1.2 Consumo de energia[2,3]

A Arábia Saudita é o maior consumidor de petróleo do Médio Oriente, sobretudo na área dos combustíveis para transportes e da queima direta para a produção de energia. Em 2009, a Arábia Saudita foi o 13.º maior consumidor mundial de energia primária total, da qual cerca de 60 por cento era à base de petróleo, sendo o gás natural responsável pela maior parte do restante. A Arábia Saudita, um dos principais produtores mundiais de GNL, registou um aumento da procura de GNL por parte dos países em desenvolvimento, onde é utilizado para cozinhar e para transporte.
A Arábia Saudita é a maior nação consumidora de petróleo do Médio Oriente. A Arábia Saudita consumiu aproximadamente 3 milhões de barris por dia (bbl/d) de petróleo em 2012, quase o dobro dos níveis de 2000, devido ao forte crescimento industrial e aos preços subsidiados. A contribuir para este crescimento está o aumento da queima direta de petróleo bruto para a produção de energia, que atinge 1 milhão de bbl/d durante os meses de verão, e a utilização de líquidos de gás natural (GNL) para a produção petroquímica.
O lugar da Arábia Saudita no mercado mundial do petróleo está ameaçado pelo consumo interno desenfreado de combustíveis. Numa economia dominada por combustíveis fósseis e dependente da exportação de petróleo, os actuais padrões de procura de energia não só desperdiçam recursos valiosos e causam uma poluição excessiva, como também tornam o país vulnerável a crises económicas e sociais. O consumo interno de energia da Arábia Saudita poderá limitar as suas exportações de petróleo dentro de uma década. Este facto teria um efeito grave nas despesas públicas, mais de 80% das quais dependem das receitas do petróleo. Em última análise, poderá reduzir a capacidade de produção disponível da Arábia Saudita, provocando uma maior volatilidade nos mercados petrolíferos mundiais. A Arábia Saudita é membro do G20 e da Organização Mundial do Comércio e, em 1992, foi um dos signatários da Agenda 21 das Nações Unidas, que comprometeu os países a desenvolverem políticas para fazer face a padrões de consumo insustentáveis, incluindo o da energia. Também faz parte dos membros do G20, que se comprometeram a eliminar gradualmente os "subsídios ineficientes aos combustíveis fósseis" a médio prazo em setembro de 2009.
Pode argumentar-se que existem razões internas imperiosas para que a Arábia Saudita actue em matéria de consumo e de preço da energia. Estas incluem a limitação iminente da capacidade de exportação de petróleo, a necessidade de desenvolver uma economia pós-petrolífera e as ameaças à saúde dos habitantes resultantes das falhas de energia e da crescente poluição industrial e do tráfego. No entanto, há vários factores que tornam o aumento do preço da energia uma tarefa difícil para o governo saudita, nomeadamente o papel da energia barata no contrato social da Arábia Saudita e na sua política de desenvolvimento industrial.
A procura de petróleo e de gás na Arábia Saudita está a aumentar cerca de 7% por ano (ver figura 4). A este ritmo de crescimento, o consumo nacional terá duplicado numa década. Esta situação comprometeria a capacidade do país de exportar para os mercados mundiais. Dada a sua dependência das receitas da exportação de petróleo, a incapacidade de expandir as exportações teria um efeito dramático na economia e na capacidade do governo para gastar em bem-estar e serviços internos. Num país alimentado inteiramente por petróleo e gás produzidos internamente, esta situação está a consumir recursos naturais preciosos e a ter impactos ambientais a longo prazo. Um indicador do problema tem sido o aumento da queima de fuelóleo pesado e de petróleo bruto para gerar eletricidade quando o gás não consegue satisfazer o aumento da procura de refrigeração durante os meses de verão.
A Arábia Saudita deve desenvolver uma política energética baseada na consecução de um padrão de consumo sustentável a longo prazo, em conformidade com a sua transição para uma economia menos dependente do petróleo. Isto implicará não só a obtenção de novos fornecimentos - como é atualmente a tónica do governo - mas também, e mais urgentemente, a eficiência. A conservação dos preciosos recursos de petróleo e de gás através da melhoria da eficiência permitirá dispor de mais tempo para proceder a uma diversificação económica essencial e à introdução de novas tecnologias energéticas.

1.2.1 Padrão de consumo de energia

O padrão de consumo de energia da Arábia Saudita é insustentável. O país consome atualmente mais de um quarto da sua produção total de petróleo - cerca de 2,8 milhões de barris por dia[4]. Isto significa que se tornaria um importador líquido de petróleo em 2038 (ver Figura 1.4). É possível que sejam descobertas mais reservas de petróleo e que a produção aumente, que o crescimento demográfico diminua e que novas políticas e tecnologias alterem os padrões de consumo, mas, na ausência de tais acontecimentos e com a elevada dependência do país das receitas do petróleo, a economia entraria em colapso antes desse momento.

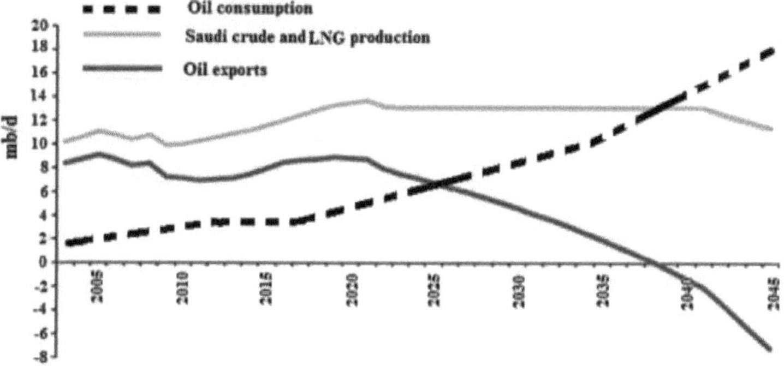

Fig.1.4 Consumo de petróleo, exportações de petróleo e produção de crude e GNL da Arábia Saudita

O padrão histórico de consumo de energia da Arábia Saudita é apresentado na Figura 1.5. Olhando para a sua evolução desde 1970, quatro coisas são claras:

- O consumo de energia tem vindo a aumentar desde o início da década de 1970 e não apresenta qualquer reação às subsequentes descidas do preço do petróleo;
- O petróleo e o gás continuam a representar a totalidade da produção de energia da Arábia Saudita, continuando o petróleo a dominar o cabaz energético;
- A diversificação progressiva para o gás começou no início da década de 1970;
- No entanto, a quota-parte do petróleo no cabaz energético começou a aumentar novamente nos últimos seis anos.

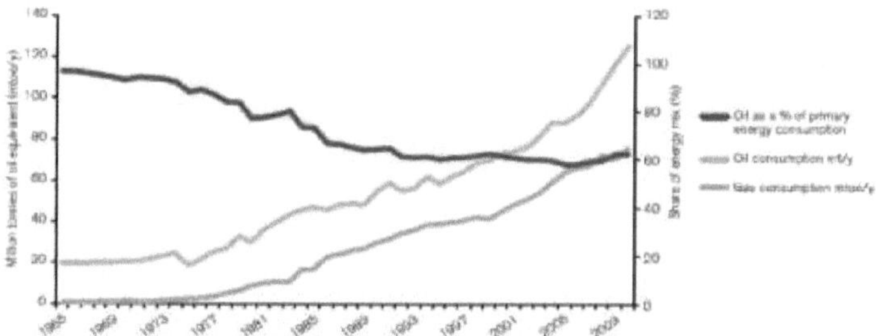

Fig. 1.5 Padrão histórico de consumo de energia da Arábia Saudita

Estas tendências podem ser explicadas pela ascensão da Arábia Saudita como país exportador de petróleo desde a formação da Organização dos Países Exportadores de Petróleo (OPEP) em 1960, e pelo seu rápido desenvolvimento desde o boom do preço do petróleo no início da década de 1970. Em 2005, a parte do petróleo no consumo total de energia primária (TPEC) tinha diminuído para 58%. No entanto, a diversificação para o gás tem sido limitada, em parte devido ao facto de a maior parte do gás produzido estar associado e, por conseguinte, dependente da produção de petróleo. Todo o gás natural produzido no país é consumido internamente. O gás alimenta atualmente cerca de 35% da produção de energia, sendo o restante proveniente de uma mistura de gasóleo, fuelóleo pesado e petróleo bruto. Quando há escassez de gás no verão - principalmente devido à elevada procura de energia para ar condicionado - é queimado mais petróleo no seu lugar. Um decreto real de 2006 obrigou todas as centrais eléctricas costeiras a queimar petróleo para poupar gás. A procura de gás para as centrais eléctricas também provocou a escassez de gás nas indústrias petroquímicas e os novos projectos petroquímicos devem basear-se em matérias-primas líquidas.

Desde a década de 1970, a maioria dos países importadores introduziu políticas e medidas de longo prazo para diversificar o cabaz energético e moderar o consumo. Estas medidas foram motivadas, em primeiro lugar, pelos elevados custos das importações e pelas preocupações com a interrupção das importações e, mais tarde, pela poluição local e pelos esforços para atenuar as alterações climáticas. Os exportadores têm sido geralmente mais lentos a formular este tipo de política energética, dado o baixo custo e a disponibilidade de combustíveis fósseis produzidos internamente.

O TPEC da Arábia Saudita ascendeu a cerca de quatro milhões de barris de petróleo equivalente por dia (201 milhões de toneladas de petróleo equivalente por ano (mtoe/y)) em 2010. Este valor é semelhante ao consumo do Reino Unido, que tem muito mais do dobro da população. Per capita, a Arábia Saudita consome um pouco mais do que os Estados Unidos e cerca do dobro do Japão (ver Figura 1.6).

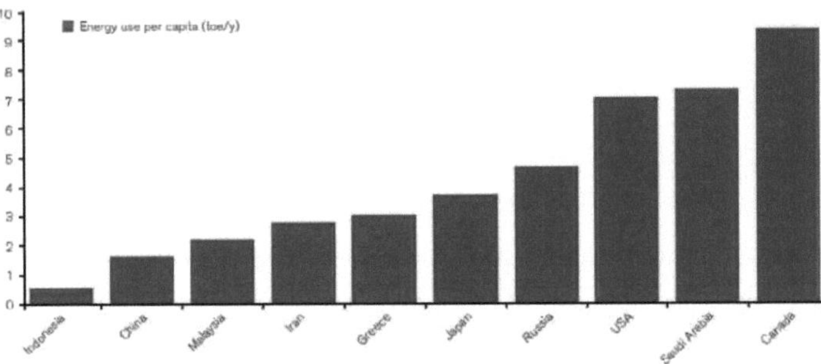

Fig. 1.6 Consumo de energia per capita em países selecionados, 2010

1.2.2 Impactos do consumo de energia no mercado internacional do petróleo

A Arábia Saudita tem atualmente uma capacidade de produção de 12,5 milhões de barris por dia (mb/d) e produz 9-10mb/d de petróleo bruto e gás natural líquido (GNL). Exporta 6-7mb/d de petróleo bruto, produtos refinados e GNL. De acordo com a Agência Internacional da Energia (AIE), o mercado mundial dependerá da OPEP para satisfazer a crescente procura mundial de petróleo, com as maiores expectativas em relação ao Iraque e à Arábia Saudita. Uma estimativa aproximada mostra que as actuais tendências de consumo na Arábia Saudita poderiam privar o mercado mundial de até 2 mb/d até 2020, em comparação com o cenário de abastecimento da AIE[4]. A empresa petrolífera nacional, Saudi Aramco, advertiu que a capacidade de exportação de crude da Arábia Saudita diminuiria em cerca de 3 mb/d para menos de 7 mb/d até 2028, a menos que o crescimento da procura interna de energia seja travado. A capacidade da Arábia Saudita para estabilizar o mercado internacional do petróleo, aumentando ou diminuindo os volumes de exportação, seria afetada.

1.3 Contribuição da energia para a sociedade

A energia é um fator essencial tanto para os processos produtivos que geram a produção de um país como para os serviços que melhoram o nível de vida das pessoas. De acordo com estes critérios, a utilização de mais energia pode ser considerada um fator positivo. No entanto, a utilização de mais recursos energéticos do que os necessários para produzir determinados resultados ao longo do tempo resulta num desperdício de recursos, perdendo-se assim uma oportunidade de os utilizar ou de investir o seu valor noutro local. Para os países cujas economias dependem da exportação de hidrocarbonetos e recursos minerais, esta questão tem uma ressonância adicional. A lógica económica da utilização das receitas geradas pela extração e exportação de riquezas esgotáveis *no subsolo* consiste em encontrar riquezas mais sustentáveis *no* subsolo.

1.3.1 Efeito das políticas energéticas

Os preços são fundamentais para a história do consumo de energia na Arábia Saudita. No entanto, são também extremamente controversos. Uma questão é saber se os preços baixos praticados são subsidiados ou simplesmente preços baixos. Nas suas negociações para a adesão à Organização

Mundial do Comércio (OMC), a Arábia Saudita conseguiu justificar os preços internos da energia a níveis subinternacionais com base no seu estatuto de produtor mundial de petróleo e no facto de poder continuar a fornecer insumos energéticos ao resto da sua economia a níveis inferiores aos preços internacionais.

A Arábia Saudita tem os preços mais baixos para o combustível de transporte no CCG. Na realidade, foram reduzidos durante o período de preços elevados do petróleo, a fim de demonstrar os benefícios partilhados das receitas inesperadas das exportações e de compensar o impacto negativo da queda da bolsa saudita em 2006 no nível de vida dos cidadãos. Atualmente, situa-se entre 12 e 16 cêntimos de dólar dos EUA por litro de gasolina e 6,7 cêntimos de dólar dos EUA por litro de gasóleo[5].

A Arábia Saudita tem reservas de gás equivalentes a 51,5 mil milhões de barris de petróleo e produz cerca de 1,4 mboe/d (7,5 bcfd). Todo este gás é consumido a nível interno. O gás associado produzido juntamente com o petróleo constitui um pilar vital da economia. A Saudi Aramco deu prioridade à exploração e produção de gás não associado em detrimento do petróleo. O Ministério do Petróleo e a Saudi Aramco anunciaram uma estratégia de 9 mil milhões de dólares para acrescentar 50 triliões de pés cúbicos (tcf) de reservas não associadas até 2016 através de novas descobertas. No entanto, a exploração do gás dos novos projectos de gás não associado será mais cara devido aos processos e tecnologias especiais necessários para extrair o gás. Este processo poderá custar entre 3,50 e 6,00 dólares/milhão de unidades térmicas britânicas (mmBtu), tornando o atual preço interno do gás - 0,75 dólares/mmbtu - altamente não rentável[5].

O governo saudita tem evitado abordar a questão dos preços da energia, porque estes constituem uma parte fundamental do contrato social do país. No entanto, em setembro de 2009, os membros do G20 concordaram, em princípio, em eliminar gradualmente os "subsídios ineficientes aos combustíveis fósseis" e a Arábia Saudita foi um dos signatários.

1.4 Potencialidades das fontes de energia renováveis

A Arábia Saudita tem uma superfície total de 2,15 milhões de quilómetros^2 de quatro regiões fisiográficas principais:

1) As montanhas ocidentais com o pico mais alto a 2000 m acima do mar;
2) As colinas centrais que se estendem das montanhas até ao centro do país, onde o verão é predominantemente quente e seco, enquanto o inverno é seco e fresco, com temperaturas nocturnas próximas do zero.
3) As regiões desérticas, com as suas dunas de areia, situam-se a leste das colinas centrais, em direção ao sul e ao sudeste do país.
4) A região costeira inclui a faixa ocidental ao longo do Mar Vermelho e as planícies da costa oriental com os seus oásis. Estas regiões são quentes e húmidas no verão e quentes no inverno.

O país tem 2230 km de costa, mas a maior parte da sua área total é árida, com céus relativamente sem nuvens durante a maior parte do ano e grandes extremos de temperatura entre as estações. Os ventos predominantes na Arábia Saudita são ventos secos do norte, que produzem areia e poeira quando sopram e acentuam a aridez do clima do Reino[5].

Embora a Arábia Saudita tenha participado numa vasta cooperação em projectos de investigação e desenvolvimento de energias renováveis desde meados da década de 1970, não foram efectuadas medições precisas dos recursos naturais solares e eólicos do país antes de meados da década de 1990. Em 1993, o Laboratório Nacional de Energias Renováveis, sediado nos EUA, e a Cidade Rei Abdulaziz para a Ciência e Tecnologia (KACST) iniciaram o chamado "Projeto de Novas Energias", que consistia em dois programas de avaliação separados para registar dados fiáveis e compilar atlas solares e eólicos que abrangessem diferentes partes da Arábia Saudita. De 1993 a 2000, a KACST e o NREL conduziram um projeto conjunto para melhorar a capacidade de avaliação dos recursos solares da Arábia Saudita. Foram identificadas 12 estações para representar os vários regimes climáticos e topográficos do Reino. Do mesmo modo, o Energy Research Institute (ERI) iniciou um projeto de avaliação da energia eólica em 1995, tendo selecionado cinco locais para a monitorização e recolha de dados sobre a velocidade do vento.

Numerosos estudos subsequentes investigaram o potencial solar através de dados mais antigos recolhidos em estações meteorológicas onde a Irradiância Horizontal Global (GHI) e a duração da luz solar foram registadas para o período 1970-1993 e foram compiladas no Atlas Saudita da Radiação Solar.

Em geral, os resultados mostram que a Arábia Saudita tem vastas áreas sujeitas a um forte GHI adequado para energia fotovoltaica (PV) e uma elevada fração de Irradiância Normal Direta (DNI), que é também ideal para tecnologias solares térmicas ou de concentração de energia solar (CSP)[6].

1.4.1. Energia fotovoltaica

Ao avaliar o potencial de energia solar em cinco regiões principais da Arábia Saudita, um estudo da Universidade King Fahd concluiu que o GHI médio diário ascendia a 5839 Wh/m^2 em Dhahran (região oriental); 5429 Wh/m^2 em Taif (região ocidental); 5562 Wh/m^2 em Qurayat (região norte); 5824 Wh/m$^{(2)}$ em Abha (região sul); e 5132 Wh/m^2 em Riade (região central)[7].

Do mesmo modo, o GHI médio foi de 2,06 MWh/m^2/ano e a duração da luz solar por dia foi de 8 h 54' ou 3245 horas num ano. Estes dados foram obtidos a partir de uma rede de 41 estações meteorológicas em toda a Arábia Saudita.

1.4.2. Energia eólica

Em muitos locais, a velocidade média anual do vento na Arábia Saudita é superior a 4 m/s a uma altura de 20 m. O país tem 1789 horas de carga total por ano (duração do vento). Estas caraterísticas do vento são consideradas adequadas para a produção de eletricidade e devem produzir energia eólica economicamente viável. Estima-se que o potencial de energia eólica no reino produza 20 TWh/ano de eletricidade a partir de energias renováveis[8]. O Centro de Investigação em Engenharia da Universidade de Petróleo e Minerais Rei Fahd (CER- KFUPM) indica que o Reino tem duas vastas regiões eólicas ao longo do Mar Vermelho e das zonas costeiras do Golfo.

1.4.3. Estratégias para as energias renováveis

A Arábia Saudita estabeleceu o objetivo de produzir quase metade da sua energia a partir de combustíveis renováveis até 2020, a fim de satisfazer as necessidades energéticas internas e libertar petróleo e gás natural para exportação.

Tal como muitos países em desenvolvimento do Médio Oriente e do Norte de África, a Arábia Saudita enfrenta um aumento acentuado da procura de energia. A procura é impulsionada pelo crescimento da população, por um sector industrial em rápida expansão liderado pelo desenvolvimento de cidades petroquímicas, pela elevada procura de ar condicionado durante os meses de verão e por tarifas de eletricidade fortemente subsidiadas. A Arábia Saudita tem o maior plano de expansão do Médio Oriente para a produção, uma vez que planeia aumentar a capacidade de produção de 55 GW para 120 GW até 2020, com novos aumentos previstos até 2032. Toda a capacidade de produção é térmica (alimentada por hidrocarbonetos como o petróleo bruto e o fuelóleo), mas a Arábia Saudita planeia diversificar os combustíveis utilizados na produção, em parte para libertar petróleo para exportação. Os totais de capacidade planeados para 2020 incluem 55 GW de capacidade alimentada por energias renováveis, dos quais 41 GW serão solares.

1.5 Principais emissores de dióxido de carbono na KSA

Os combustíveis fósseis são a energia primária predominante e o combustível dominante para a produção de eletricidade atualmente na Arábia Saudita. No entanto, são responsáveis pela maior parte da poluição local e das emissões globais de dióxido de carbono. O futuro da produção de energia fóssil num mundo com restrições de carbono depende de um compromisso entre o crescimento da procura de eletricidade e a redução das emissões de dióxido de carbono.

As emissões de dióxido de carbono relacionadas com a combustão de combustível na KSA aumentaram significativamente, como se pode ver no quadro seguinte (1.1, 1.2 e 1.3), durante 1971-2010.

Quadro 1.1 Evolução da oferta total de energia primária (TPES) na KSA e emissões totais de CO_2 provenientes da combustão de combustíveis (em milhões de toneladas de petróleo equivalente Mtep e milhões de toneladas de CO_2 ($MtCO_2$), respetivamente)[9].

ano	1971	1980	1985	1990	1995	2000	2005	2008	2009	2010
TPES	7.4	31.1	46.0	59.8	87.5	101.3	145.5	154.1	157.9	169.3
TCO2	12.7	99.1	122.6	159.1	207.8	252.8	333.8	387.1	411.4	446.0

Quadro 1.2 Emissões de CO_2 equivalente (CO_2e) provenientes da combustão de combustíveis fósseis na KSA, de acordo com as suas comunicações nacionais [10].

Nacional Relatório de comunicação	Cálculo do ano de inventário	Emissões da combustão de combustíveis fósseis (Mt CO_2e)	Percentagem do total Emissões (%)
Segunda NC, 2010	2000	237.55	92.10

Quadro 1.3 Emissões sectoriais de CO_2 provenientes da queima de combustíveis fósseis na KSA em 2010, em milhões de toneladas de CO_2 [9].

Emissões totais de CO_2 provenientes da combustão de combustíveis	Produção de eletricidade e calor	Outras utilizações próprias do sector da energia	Indústrias transformadoras e construção	Transporte	dos quais: rodoviário	Outros sectores	dos quais: residencial
446.0	176.9	74.4	86.3	104.4	102.3	4.0	4.0

1.5.1 Tecnologias e medidas para reduzir as emissões de gases com efeito de estufa

Enquanto países não incluídos no Anexo I, os Estados árabes não são obrigados a cumprir quaisquer objectivos específicos de redução ou limitação das emissões em termos de compromissos no âmbito da CQNUAC ou do Protocolo de Quioto. No entanto, já estão a ser tomadas medidas de atenuação. Em muitos países árabes, foram desenvolvidas várias políticas e medidas relacionadas com a internalização da redução das emissões de gases com efeito de estufa, tal como preconizado na CQNUAC. Estão em curso desenvolvimentos acelerados para a introdução de energias renováveis; mudança de combustível na indústria e nos transportes; utilização de calor e energia combinados para produzir eletricidade e água; redução das perdas de produção, transmissão e distribuição; programas de eficiência doméstica e industrial e edifícios energeticamente eficientes para permitir o estabelecimento de uma estrutura económica que dê prioridade à eficiência energética. Exemplos das actuais políticas e medidas de mitigação na KSA são [11]:

1. Várias iniciativas para implementar a conservação de energia e reduzir a procura de picos de carga. 2. Programa Nacional de Eficiência Energética (NEEP).
3. Iniciativa de armazenamento de energia térmica (TES).
4. Criação do Centro de Investigação de Excelência em ER no KFUPM em 2007.
5. Iniciativa de sistemas híbridos (eólico-diesel).
6. Eletricidade solar: 41.000 MW até 2032 (25.000 MW CSP e 16.000 MW PV)
7. Muitos programas de investigação conduzidos pela Saudi Aramco para implementar a gestão do carbono (CDM).
8. A Saudi Aramco opera o maior sistema único de recolha de gás do mundo.
9. Projeto da Linha Ferroviária Norte-Sul (NSR).
10. 20 km de comprimento da linha de metro dos Lugares Santos em Meca.
11. Muitos projectos de I&D nos domínios da energia solar, da produção de combustíveis limpos, da redução das emissões e dos recursos hídricos.

1.6 Desafios energéticos

Na Arábia Saudita, a política petrolífera é dirigida pelo Ministério do Petróleo e dos Recursos Minerais e tem-se centrado tradicionalmente na exploração e produção de petróleo e gás, na gestão das quotas de produção de petróleo e na capacidade de reserva através da OPEP e nas relações externas com os países importadores. O ministério fixa os preços dos fornecimentos internos de petróleo, gás e produtos refinados ao sector da energia, como matéria-prima para a indústria e para venda em estações de serviço.

O Ministério da Água e da Eletricidade ocupa-se da gestão do sector da energia, incluindo o planeamento e a garantia de um investimento adequado no fornecimento de energia, para satisfazer a procura e a dessalinização. O Governo está a seguir quatro linhas principais: reformar os preços da eletricidade; regulamentar e ajudar a indústria a aumentar a eficiência; planear a introdução de fontes de energia renováveis e de infra-estruturas; e planear a adição de energia nuclear.

1.6.1 Diversificar a energia

Um dos principais desafios energéticos da Arábia Saudita é a necessidade de diversificar a sua produção de eletricidade, para satisfazer a procura de energia e preservar as reservas de petróleo para os lucrativos mercados de exportação. A KACARE (Cidade do Rei Abdullah para as Energias Atómicas e Renováveis) do Reino anunciou que está a trabalhar para desenvolver fontes alternativas de energia, incluindo a energia nuclear (aproximadamente 18 GW) e as energias renováveis (54 GW), principalmente a energia solar térmica, até 2032. No entanto, há ainda muito trabalho a fazer neste domínio, com menos de 1% da energia da Arábia Saudita produzida a partir de fontes renováveis em 2011[12].

1.6.2 Criar uma cultura de eficiência energética

A Arábia Saudita tem uma das taxas de consumo de energia per capita mais elevadas do mundo. Sem surpresas, o Reino identificou a eficiência energética como uma prioridade nacional para reduzir o consumo interno, as emissões de gases com efeito de estufa associadas e a perda de potenciais receitas de exportação.

Mas embora a Arábia Saudita reconheça a necessidade de se tornar mais eficiente do ponto de vista energético, os progressos têm sido lentos. Os preços historicamente baixos da eletricidade criaram consumidores habituados a um determinado estilo de vida, e há poucos sinais de que esta situação se altere. Como os preços não reflectem o verdadeiro custo da eletricidade consumida, a maioria das medidas de eficiência energética não é considerada economicamente prudente, uma vez que os custos evitados da eletricidade não correspondem aos investimentos necessários, especialmente a curto prazo. Embora as tarifas de eletricidade tenham aumentado, os ganhos têm sido lentos devido às potenciais implicações sociais e económicas. E, embora algumas organizações tenham tentado implementar medidas de eficiência energética, a maioria delas tem sido limitada no seu âmbito e mal coordenada. Reconhecendo a necessidade de uma ação coordenada, a Arábia Saudita criou o Centro Saudita de Eficiência Energética para ajudar a gerir as suas necessidades energéticas e desenvolver tecnologias eficientes em termos energéticos e políticas de conservação.

1.6.3 Redes inteligentes e veículos eléctricos nos países do CCG

O sector da produção de energia é o que mais contribui para as emissões de gases com efeito de estufa (GEE), seguido do sector dos transportes. Uma forma de reduzir as emissões de GEE provenientes da produção de eletricidade é através da introdução de fontes de energia renováveis distribuídas no cabaz energético, como a energia eólica e solar. A utilização dos avanços nas tecnologias da informação e da comunicação tornará a rede mais inteligente e poderá reduzir potencialmente os cortes de energia que possam ocorrer. Ao mesmo tempo, muitas comunidades estão a embarcar na introdução de veículos eléctricos (VE) nos seus sistemas de transporte, a fim de melhorar a qualidade do ar através da redução das emissões do tanque para a roda. Em comparação com os veículos com motor de combustão interna, os VEs podem reduzir os GEE até 34% se a energia for proveniente de centrais eléctricas a carvão e 60% se a central funcionar a gás natural[9]. Estas escolhas parecem atractivas para a Arábia Saudita, que se encontra entre as mais elevadas em termos de emissões de CO_2 per capita à escala global. O crescimento da população e da industrialização na Arábia Saudita, para além do clima quente e húmido, que conduziu à utilização liberal de sistemas de ar condicionado descentralizados, provocou um aumento acentuado da procura de eletricidade, o que levou a um aumento da produção de energia a partir de combustíveis fósseis, o que, por sua vez, conduziu a elevadas emissões de carbono. Além disso, o aumento da população tem naturalmente um grande impacto no sector dos transportes, aumentando o número de carros nas estradas que emitem mais

GEE. Para minimizar essas emissões, é necessária a utilização de fontes de energia ecológicas e limpas para a produção de eletricidade, necessária para o carregamento das baterias.

1.6.4 Aumento da procura no pico

O pico de procura no verão pode ser 50% superior ao do resto do ano. Este facto constitui um grave problema para os sistemas de abastecimento de energia, uma vez que estes devem ter capacidade para satisfazer a procura máxima (muitas vezes sob a forma de centrais de produção especialmente construídas para esse efeito), mesmo que essa capacidade não seja utilizada durante a maior parte do ano. Para fazer face à escassez de gás e ao recurso à queima de petróleo para satisfazer a procura, o governo terá de introduzir políticas fortes de gestão da procura para reduzir este pico. Estas seriam incluídas num plano global de redução da intensidade energética e de preparação da população para tarifas de eletricidade mais elevadas. Dado que o arrefecimento é o principal responsável pelo pico do verão, as medidas necessárias incluem não só normas de eficiência para os novos aparelhos de ar condicionado, mas também medidas para substituir os modelos ineficientes e regulamentação sobre a manutenção. No que respeita às normas de construção, estas devem aplicar-se não só às novas construções, mas também aos edifícios existentes.

1.6.5 Reforma dos preços da energia

O sector da energia eléctrica oferece mais possibilidades de reforma dos preços, com aumentos graduais, sendo atualmente vendida a uma média de 12,5 halalas/ Kwh (0,03 USD). Em junho de 2010, a Saudi Electricity Company (SEC), parcialmente privatizada, anunciou aumentos das tarifas para os sectores público, comercial e industrial. Prevê-se que estes aumentos acabem por representar um aumento médio de 25-30% do preço anterior por quilowatt/hora. Perante a perspetiva de um crescimento desenfreado da procura, está a ser discutida no governo uma primeira fase de aumento para 13,8 halalas/kWh ($0,04) para os clientes residenciais. Os preços dos combustíveis e das matérias-primas do petróleo e do gás continuam por resolver.

Os subsídios às fontes de energia convencionais funcionam como um travão automático ao desenvolvimento das fontes de energia renováveis pelo sector privado[13]. O fornecimento de eletricidade custa aos serviços públicos cerca de 5 a 6 cêntimos por quilowatt-hora. Este subsídio implícito de quase 8 cêntimos por quilowatt-hora actua como um travão automático ao desenvolvimento de fontes de energia renováveis pelo sector privado, porque essas fontes têm de competir com uma fonte de energia que já é muito barata e amplamente disponível.

1.7 Resumo

A Arábia Saudita possui quase um quinto das reservas comprovadas de petróleo do mundo, é o maior produtor e exportador de produtos petrolíferos do mundo. O Reino da Arábia Saudita reserva a maior energia de produção de petróleo bruto do mundo. O Reino da Arábia Saudita possui reservas comprovadas de gás natural, um grande quinto maior país do mundo depois da Rússia, do Irão e do Qatar, e dos Estados Unidos.

Por outro lado, a Arábia Saudita é o maior consumidor de petróleo do Médio Oriente, especialmente no domínio dos combustíveis para transportes e da produção de energia, em que o consumo de combustível doméstico sem controlo ameaça a posição do Reino da Arábia Saudita no mercado mundial do petróleo. Com efeito, na economia dominante dos combustíveis fósseis e baseada na exportação de petróleo, os actuais padrões de procura de energia, que não só conduzem a um desperdício de recursos valiosos e causam uma poluição excessiva, como também tornam o país vulnerável a crises económicas e sociais. Para além disso, o consumo interno de energia na Arábia Saudita pode limitar as suas exportações de petróleo dentro de uma década, o que teria um impacto grave nas despesas públicas.

O padrão de consumo de energia na Arábia Saudita não é um padrão sustentável. A Arábia Saudita continua a depender do petróleo e do gás para a produção de energia, e o petróleo continua a dominar o cabaz energético.

Uma vez que a energia é um dos principais factores de produção em cada um dos processos de produção que geram a produção do país e os serviços que melhoram o nível de vida das pessoas. Por conseguinte, a necessidade de diversificar a energia é um dos principais desafios energéticos da Arábia Saudita, de modo a satisfazer a procura de energia e manter as reservas de petróleo para o lucrativo mercado de exportação. O Reino está a trabalhar no sentido de desenvolver fontes alternativas de energia, incluindo a energia nuclear e as energias renováveis, nomeadamente a energia solar térmica. O Reino da Arábia Saudita tem uma superfície total de 2,15 milhões de km^2, incluindo quatro grandes zonas geográficas: as montanhas ocidentais, as terras altas centrais, que se estendem das montanhas até ao centro do país, as zonas desérticas e a região costeira, incluindo o sector ocidental ao longo do Mar Vermelho e as planícies da costa oriental. O Reino da Arábia Saudita está a trabalhar em projectos de cooperação em larga escala na investigação e desenvolvimento no domínio das energias renováveis desde o início dos anos setenta do século passado.

Foi verificado por muitos estudos das capacidades da energia solar disponível através de dados antigos que foram recolhidos em estações meteorológicas onde o registo horizontal da radiação cósmica (GHI) e a duração da luz solar para o período de 1970 a 1993 e recolhidos no Atlas da radiação solar para a Arábia Saudita. De um modo geral, os estudos demonstraram que a Arábia Saudita tem uma vasta área sujeita a radiação horizontal forte adequada para células fotovoltaicas (PV) e uma grande parte da radiação normal direta (DNI), que é ideal para tecnologias de geração de energia solar térmica e energia solar concentrada (CSP).

A Arábia Saudita tem como objetivo produzir quase metade da sua capacidade a partir de fontes de energia renováveis até 2020, a fim de satisfazer as necessidades energéticas internas e libertar petróleo e gás natural para exportação.

Por conseguinte, é necessário este estudo de investigação, que é consistente com a estratégia da Arábia Saudita de diversificar as suas fontes de energia e prestar especial atenção às fontes de energia renováveis, como a energia eólica e solar, em que este projeto de investigação se centra na utilização da energia solar, em vez da utilização de energia eléctrica produzida principalmente a partir de energia fóssil para o aquecimento da água.

Capítulo 2

Dados climáticos da região de Al Baha

2. Dados climáticos da região de Al Baha

2.1 Introdução

Devido à sua grande área, o Reino tem uma topografia diversificada. A planície costeira de Tihama, situada ao longo do Mar Vermelho, tem 1.100 quilómetros de comprimento, 60 quilómetros de largura a sul e estreita-se gradualmente para norte até chegar ao Golfo de Aqaba. A leste desta planície, encontra-se uma cadeia de montanhas chamada Sarawat. Estas montanhas elevam-se a 2750 m no sul e descem gradualmente até aos 900 m no norte. A partir destas montanhas, vários grandes vales inclinam-se para leste e oeste. Estes vales incluem o vale de Jazan, o vale de Najran, o vale de Tathleeth, o vale de Bisha, o vale de Himdh, o vale de Rumah, o vale de Yanbu e o vale de Fátima. A leste da cadeia encontra-se o planalto de Najd, que se estende para leste até ao deserto de Samman, às dunas de Dahnaa e para sul até ao vale de Dwaser. Esta região é paralela ao deserto do Bairro Vazio e estende-se para norte até às planícies de Najd, passando por Hail até à ligação com o Grande Deserto de Nefud e depois até às fronteiras do Iraque e da Jordânia. Existem também algumas montanhas neste planalto, como as montanhas de Twwaig, Al-Aridh, Aja e Salmah. O Bairro Vazio, na parte sudeste do Reino, ocupa uma área estimada em 640.000 quilómetros quadrados, composta por colinas de areia e campos de lava. A planície costeira oriental tem 610 quilómetros de comprimento e é constituída por grandes áreas de areia e salinas. O clima da Arábia Saudita varia de uma região para outra devido às suas diversas caraterísticas topográficas. Como resultado de um sistema subtropical de alta pressão, o Reino é geralmente quente no verão e frio no inverno, onde as chuvas são frequentes. O clima é moderado no oeste e no sudoeste do Reino; o verão é quente e seco e o inverno frio nas regiões do interior; e a temperatura e a humidade são elevadas nas zonas costeiras. A maior parte do Reino recebe normalmente pouca chuva no inverno e na primavera. No entanto, no verão, a precipitação é significativa nas montanhas do sudoeste. A humidade é elevada nas costas ocidentais e nas montanhas durante quase todo o ano e diminui à medida que se avança para o interior. As figuras 2.1 e 2.2 abaixo mostram as temperaturas médias mensais e a precipitação históricas para a Arábia Saudita durante o período 1901-2009[14].

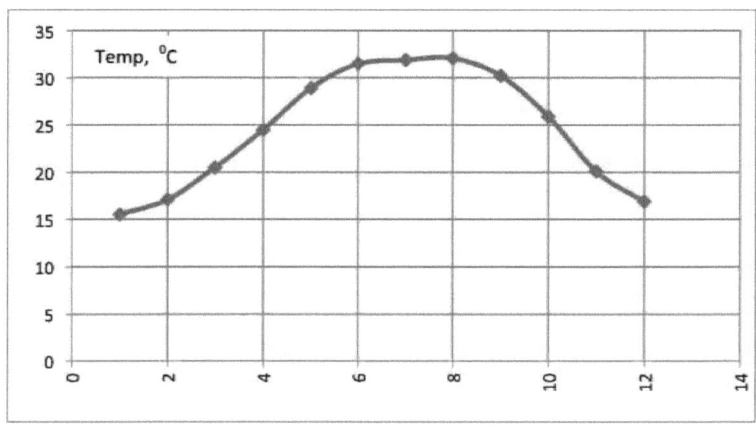

Fig.2.1 Temperatura média mensal para a Arábia Saudita

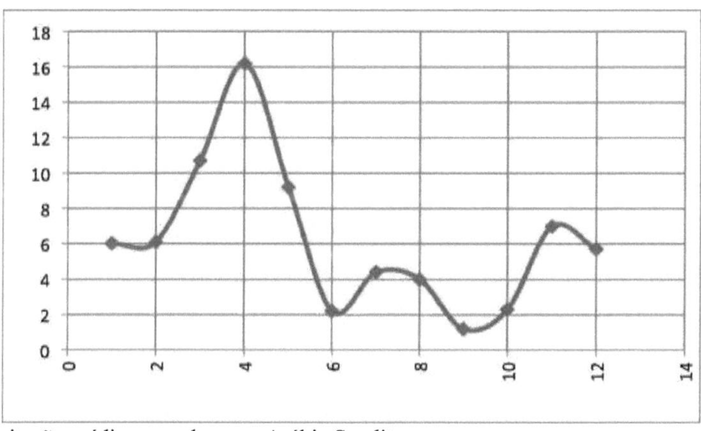

Fig.2.2 Precipitação média mensal para a Arábia Saudita

2.2 Dados da região de Al Baha

O clima em Al Baha é grandemente afetado pelas suas caraterísticas geográficas variáveis. De um modo geral, o clima em Al-Baha é ameno, com temperaturas que variam entre os 12 e os 23 graus Celsius. Devido à sua localização a 2500 metros acima do nível do mar, o clima de Al Baha é moderado no verão e frio no inverno.

Na zona de Tehama da província, que se situa na costa, o clima é quente no verão e morno no inverno. A humidade varia entre 52% e 67%. Enquanto na região montanhosa, conhecida como As-Sarah, o clima é mais fresco no verão e no inverno. A precipitação na região montanhosa situa-se entre 229 e 581 mm. A média anual em toda a região é de 100-250 mm.

Os dados seguintes relativos a Al Baha baseiam-se nos registos históricos de 1984 a 2012 do tempo típico na estação meteorológica do Aeroporto Doméstico de Al Baha ao longo de um ano médio[15].

2.2.1 Temperatura

Ao longo de um ano, a temperatura varia tipicamente entre 11°C e 35°C e raramente é inferior a 7°C ou superior a 36°C, como mostram as Figuras 2.3 e 2.4. A *estação quente* decorre de 18 de maio a 22 de setembro, com uma temperatura média diária superior a 32°C. O dia mais quente do ano é 18 de agosto, com uma média de 35°C e uma mínima de 25°C.

A *estação fria* vai de 24 de novembro a 20 de fevereiro, com uma média diária de temperatura máxima inferior a 24°C. O dia mais frio do ano é 8 de janeiro, com uma média baixa de 11°C e alta de 22°C.

A *estação fria* vai de 24 de novembro a 20 de fevereiro, com uma média diária de temperatura máxima inferior a 24°C. O dia mais frio do ano é 8 de janeiro, com uma média baixa de 11°C e alta de 22°C.

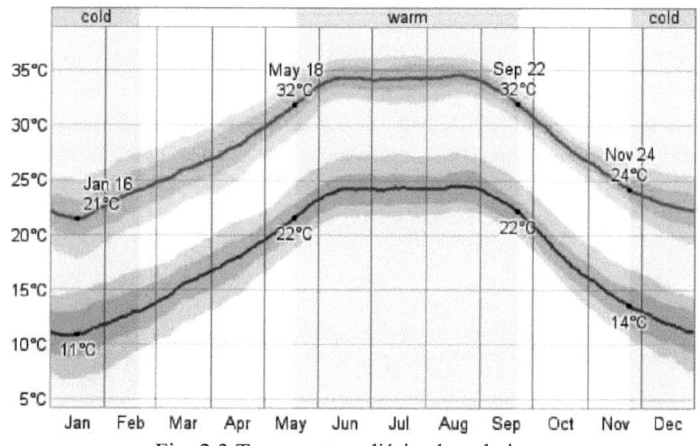

Fig. 2.3 Temperatura diária alta e baixa[15]

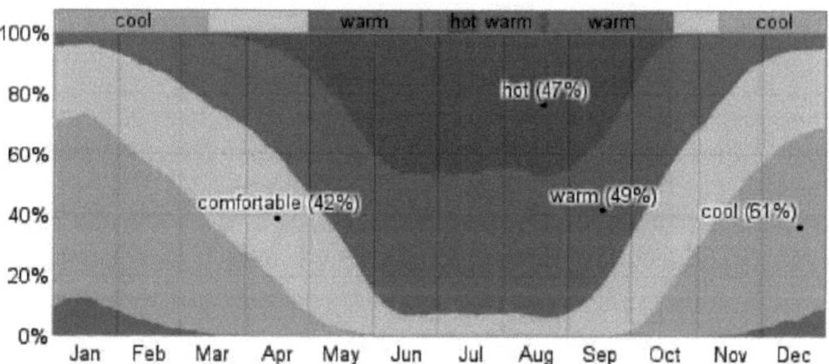

Fig.2.4 Fração do tempo gasto em várias faixas de temperatura[15]

2.2.2 Sol

A duração do dia varia significativamente ao longo do ano, como se pode ver nas Figuras 2.5 e 2.6. O dia mais curto é 21 de dezembro com 10:54 horas de luz do dia; o dia mais longo é 20 de junho com 13:22 horas de luz do dia. O número de horas durante as quais o Sol é visível (linha preta), com vários graus de luz do dia, crepúsculo e noite, indicados pelas faixas de cores. De baixo (mais amarelo) para cima (mais cinzento): plena luz do dia, crepúsculo solar (o Sol é visível mas está a menos de 6° do horizonte), crepúsculo civil (o Sol não é visível mas está a menos de 6° abaixo do horizonte), crepúsculo náutico (o Sol está entre 6° e 12° abaixo do horizonte), crepúsculo astronómico (o Sol está entre 12° e 18° abaixo do horizonte) e noite completa.

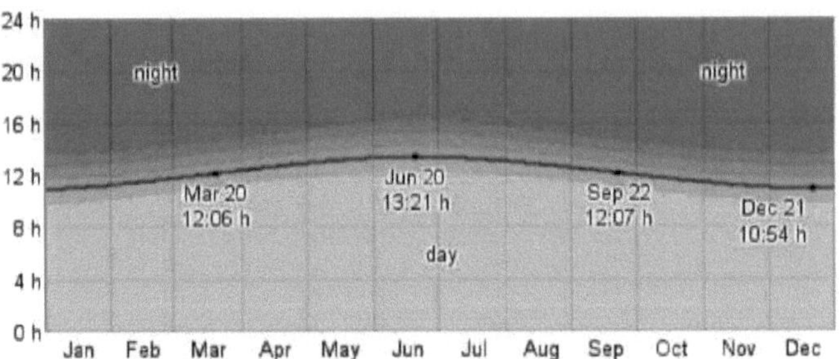

Fig.2.5 Horas diárias de luz do dia e crepúsculo[15]

O nascer do sol mais cedo é às 5h32 do dia 4 de junho e o pôr do sol mais tarde é às 18h58 do dia 7 de julho. O nascer do sol mais tarde é às 6h52 do dia 15 de janeiro e o pôr do sol mais cedo é às 17h32 do dia 27 de novembro.

O dia solar ao longo do ano de 2012 . De baixo para cima, as linhas pretas são a meia-noite solar anterior, o nascer do sol, o meio-dia solar, o pôr do sol e a meia-noite solar seguinte. O dia, os crepúsculos (solar, civil, náutico e astronómico) e a noite são indicados pelas faixas de cor do amarelo ao cinzento.

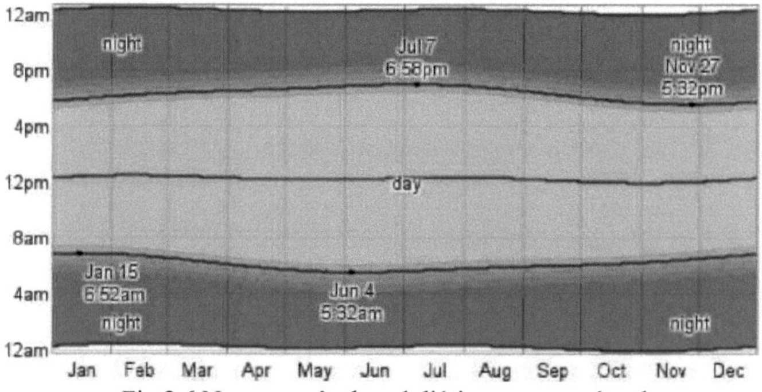

Fig.2.6 Nascer e pôr do sol diários com crepúsculo[15]

2.2.3 Nuvens

As Figuras 2.7 e 2.8 mostram que a mediana da cobertura de nuvens varia entre 10% (céu limpo) e 29% (céu quase limpo). O céu está mais nublado a 8 de agosto e mais limpo a 21 de outubro. A parte mais clara do ano começa por volta de 15 de setembro. A parte mais nublada do ano começa por volta de 15 de abril.

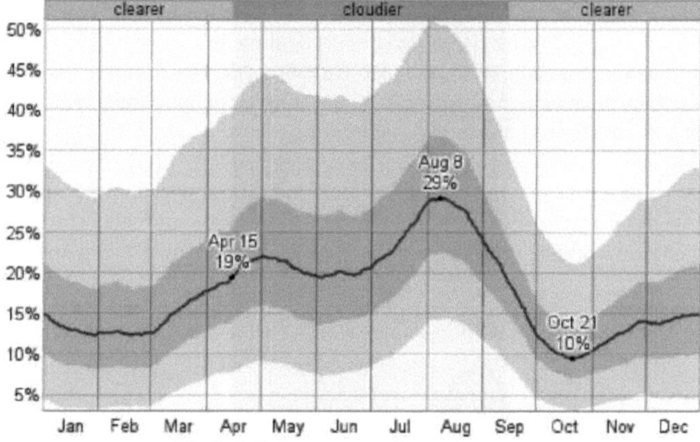

Fig.2.7 Cobertura mediana de nuvens[15]

A média diária de nebulosidade (linha preta) com bandas de percentil (banda interior do percentil 40 ao 60, banda exterior do percentil 25 ao 75). Em 21 de outubro, o *dia mais claro* do ano, o céu está *limpo, quase limpo ou parcialmente nublado* 60% do tempo, e *nublado ou quase nublado* 3% do tempo. Em 8 de agosto, o *dia mais nublado* do ano, o céu está *nublado, muito nublado ou parcialmente nublado* 32% do tempo, e *limpo ou muito claro* 39% do tempo.

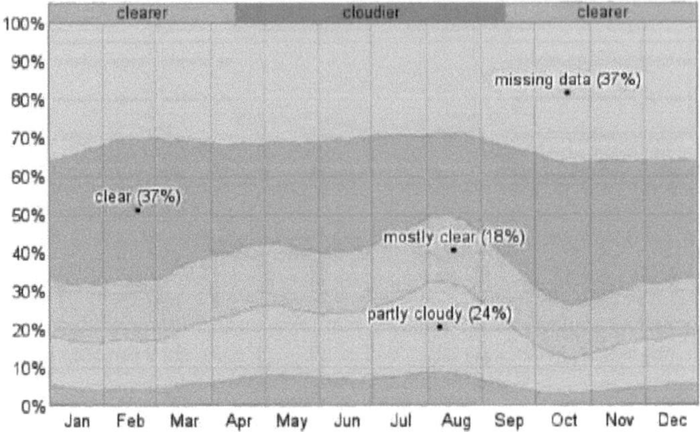

Fig.2.8 Tipos de coberto de nuvens[15]

A fração de tempo passado em cada uma das cinco categorias de céu coberto. De cima (mais azul) para baixo (mais cinzento), as categorias são céu limpo, quase limpo, parcialmente nublado, quase nublado e encoberto. A cor-de-rosa indica dados em falta.

2.2.4 Precipitação

A probabilidade de se observar precipitação neste local varia ao longo do ano, como se mostra na Fig.2.9 . A precipitação é mais provável por volta de 3 de maio, ocorrendo em 32% dos dias. A precipitação é menos provável por volta de 28 de janeiro, ocorrendo em 5% dos dias.

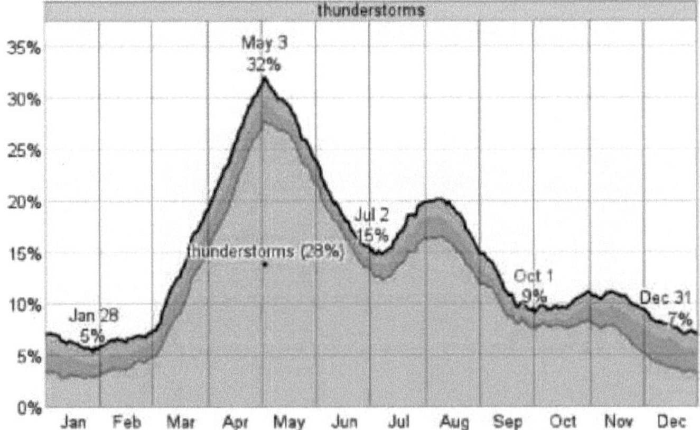

Fig. 2.9 Probabilidade de precipitação num determinado momento do dia[15]

A fração de dias em que são observados vários tipos de precipitação. Se for registado mais do que um tipo de precipitação num determinado dia, é contabilizada a precipitação mais grave. Por exemplo, se for observada chuva fraca no mesmo dia que uma trovoada, esse dia conta para os totais de trovoada. A ordem de gravidade é de cima para baixo neste gráfico, com a mais grave na parte inferior. Durante todo o ano, as formas mais comuns de precipitação são as trovoadas.

As trovoadas são a precipitação mais grave observada durante 79% dos dias com precipitação. São mais prováveis por volta de 3 de maio, quando são observadas durante 28% de todos os dias.
Durante a *estação quente*, que vai de 18 de maio a 22 de setembro, há uma probabilidade média de 18% de se observar precipitação em algum momento de um determinado dia. Quando a precipitação ocorre, é mais frequentemente sob a forma de trovoadas (85% dos dias com precipitação têm, na pior das hipóteses, trovoadas), chuva moderada (7%) e chuva fraca (6%).
Durante a *estação fria*, que vai de 24 de novembro a 20 de fevereiro, há uma probabilidade média de 7% de se observar precipitação em algum momento de um determinado dia. Quando a precipitação ocorre, é mais frequente sob a forma de trovoada (51% dos dias com precipitação têm, na pior das hipóteses, trovoada), chuva moderada (25%), chuva fraca (14%) e chuvisco (8%).

2.2.5 Humidade

A humidade relativa varia tipicamente entre 13% (muito seco) e 75% (húmido) ao longo do ano, raramente descendo abaixo dos 7% (muito seco), ou excedendo os 95% (muito húmido), como mostra a Fig. 2.10. O ar é *mais seco* por volta de 16 de junho, altura em que a humidade relativa desce abaixo de 16% (seco) em três dias em cada quatro; é *mais húmido* por volta de 20 de janeiro, excedendo 66% (ligeiramente húmido) em três dias em cada quatro. A média diária da humidade relativa alta (azul) e baixa (castanha) com bandas de percentil (bandas interiores de percentil 25 a 75, bandas exteriores de percentil 10 a 90).

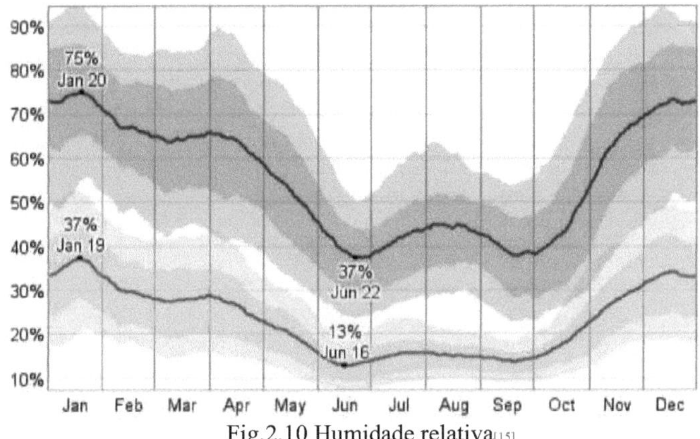

Fig.2.10 Humidade relativa[15]

2.2.6 Ponto de orvalho

O ponto de orvalho é frequentemente uma melhor medida do conforto de uma pessoa em relação ao clima do que a humidade relativa, porque está mais diretamente relacionado com a evaporação da transpiração da pele, arrefecendo assim o corpo. Os pontos de orvalho mais baixos são mais secos e os pontos de orvalho mais altos são mais húmidos. Ao longo de um ano, como mostra a Fig.2.11, o ponto de orvalho varia tipicamente entre - 2°C (seco) e 13°C (muito confortável) e raramente é inferior a -7°C (seco) ou superior a 18°C (ligeiramente húmido). A época do ano entre 11 de março e 13 de setembro é a mais confortável, com pontos de orvalho que não são nem demasiado secos nem demasiado húmidos. A média diária do ponto de orvalho baixo (azul) e alto (vermelho) com bandas de percentil (banda interior do percentil 25 ao percentil 75, banda exterior do percentil 10 ao percentil 90).

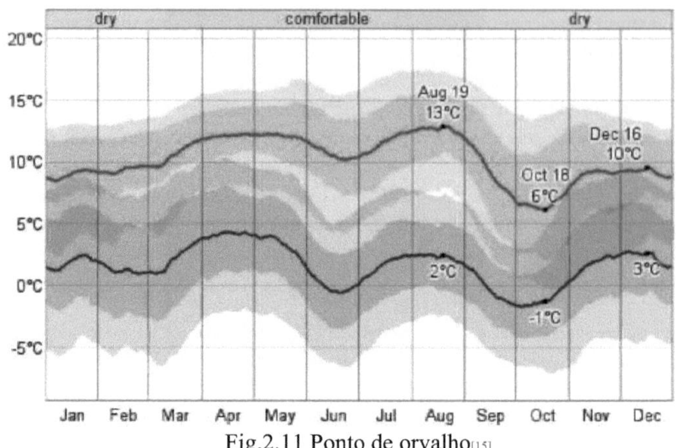

Fig.2.11 Ponto de orvalho[15]

2.2.7 Vento

Ao longo do ano, as velocidades típicas do vento variam entre 0 m/s e 9 m/s (calma a brisa fresca), raramente ultrapassando os 12 m/s (brisa forte), como mostra a Fig. 2.12. A velocidade média *mais elevada do* vento, de 5 m/s (brisa suave), ocorre por volta de 26 de julho, altura em que a velocidade média diária máxima do vento é de 9 m/s (brisa fresca). A velocidade média do vento *mais baixa,* de 3 m/s (brisa ligeira), ocorre por volta de 29 de novembro, altura em que a velocidade média diária máxima do vento é de 5 m/s (brisa moderada). A velocidade média diária mínima (vermelho), máxima (verde) e média (preto) do vento com bandas de percentil (banda interior do percentil 25 ao 75, banda exterior do percentil 10 ao 90). O vento sopra mais frequentemente de *leste* (12% das vezes) e *de sudoeste* (11% das vezes). O vento sopra menos frequentemente de nordeste (3% do tempo), como mostra a Fig. 2.13.

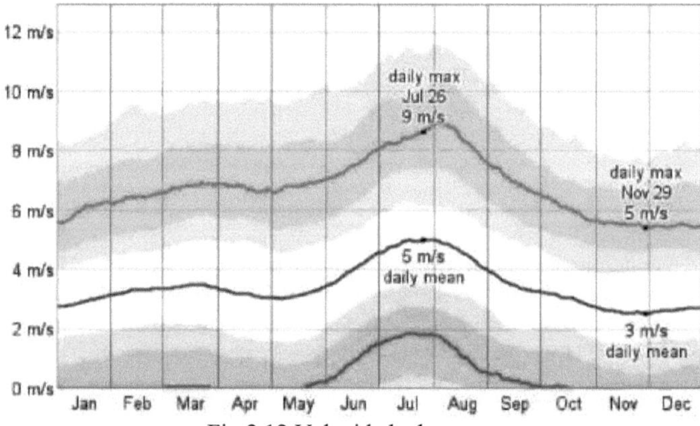

Fig.2.12 Velocidade do vento[15]

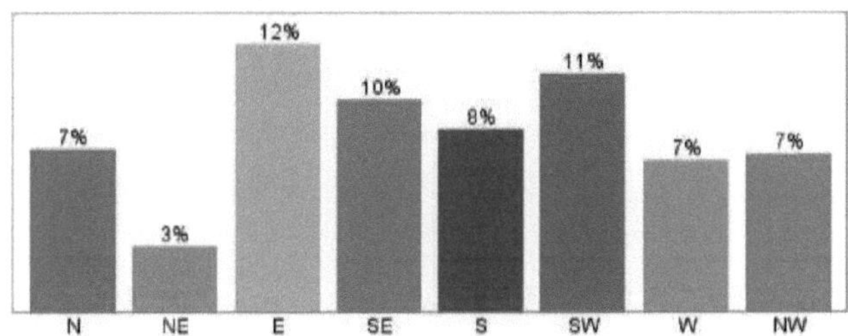

Fig.2.13 Direcções do vento durante todo o ano[15]

A Fig.2.14 mostra a fração de tempo passado com o vento a soprar de várias direcções ao longo de todo o ano. Os valores não somam 100% porque a direção do vento é indefinida quando a velocidade do vento é zero.

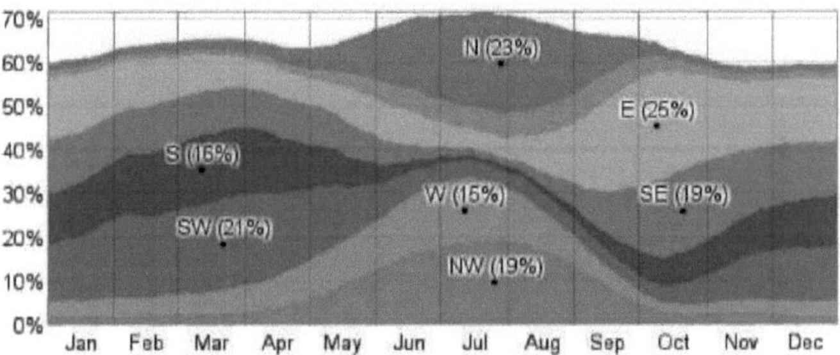

Fig.2.14 Fração do tempo gasto com várias direcções do vento[15]

2.3 Dados da estação meteorológica local (FOE, Albaha Uinv. Site)

Os dados seguintes baseiam-se nos registos durante o período de junho de 2013 a junho de 2014 da estação meteorológica da Faculdade de Engenharia na cidade de Al Baha. Esta estação está instalada no local da faculdade, na zona de Raghdan, como se mostra na Fig. 2.15

A Tabela 2.1 e a Fig. 2.16 mostram os valores médios, mínimos e máximos mensais. Comparando estes valores com os dados baseados na estação do aeroporto de Al baha, surgiram pequenas variações, mas as tendências dos valores são quase semelhantes, como se mostra na Tabela 2.2 e na Fig. 2.17.

Tabela 2.1 Temperatura mensal alta e baixa

Mês	Temp.		
	Média	Hi	Baixo
janeiro	11.15	18.40	4.70
fevereiro	11.48	16.80	4.80
março	14.14	18.80	7.30
abril	17.87	23.2	10.8
maio	19.68	26.30	12.40
junho	21.83	27.90	17.70
julho	23.27	30.70	16.60
agosto	21.35	28.60	13.40
setembro	21.91	27.60	14.80
outubro	18.05	25.30	12.70
novembro	14.02	20.80	7.90
dezembro	11.58	19.10	5.20

Fig. 2.16 Temperatura mensal alta, baixa e principal

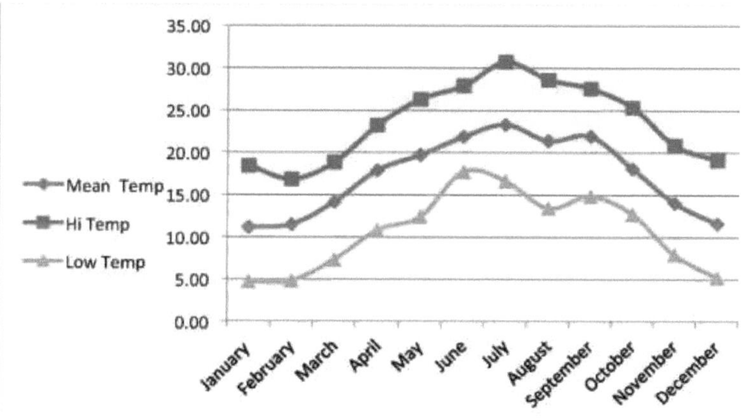

Tabela 2.2 Temperatura em Al Baha a partir de fontes WB, RetScreen e estações locais

Mês	Temperatura,^{0}C		
	WB	local	RetScreen
1	15.5	18.40	15.40
2	17.1	16.80	17.20
3	20.5	18.80	19.70
4	24.5	23.2	21.90
5	28.9	26.30	25.20
6	31.5	27.90	28.40
7	31.9	30.70	28.80
8	32.1	28.60	28.60
9	30.2	27.60	27.00
10	25.9	25.30	22.60
11	20.1	20.80	19.10
12	16.9	19.10	16.10

Fig. 2.17 Temperatura em Al Baha de WB , RetScreen e fontes locais da estação

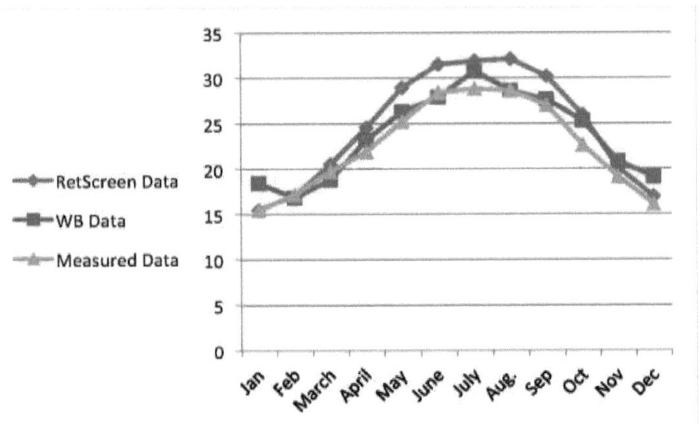

2.3.2 Humidade

A humidade relativa varia tipicamente entre **25 %** (muito seco) e **79,51 %** (húmido) ao longo do ano, como se pode ver no Quadro 2.3 e na Fig. 2.18. O ar é ***mais seco*** em junho e ***mais húmido*** em janeiro.

Tabela 2.3 Variação da humidade relativa durante o ano em Al Baha

Relativo Humidade	79.51	72.92	61.19	54.15	47.35	25.01	38.93	53.05	35.58	43.91	66.33	68.66
Mês	**1**	**2**	**3**	**4**	**5**	**6**	**7**	**8**	**9**	**10**	**11**	**12**

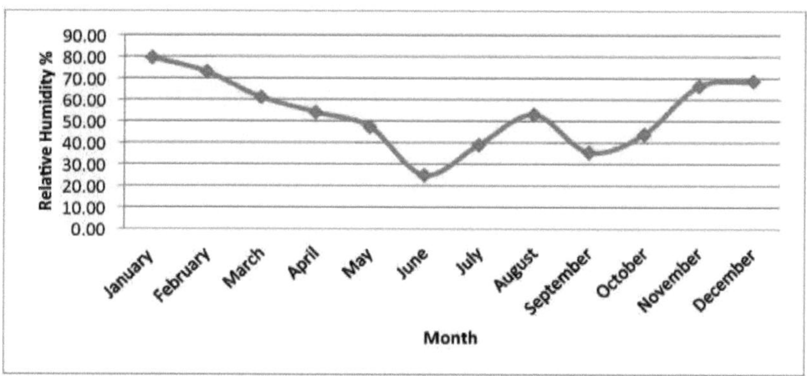

Fig.2.18 Variação da humidade relativa durante o ano em Al Baha

2.3.3 Radiação solar

A radiação solar diária varia de 4,23 kWh/m^2/d (valor mínimo) em dezembro a 7,4 kWh/m^2/d em junho (valor máximo), como se mostra na Tabela 2.4 e na Fig. 2.19. Comparando os valores medidos com os dados baseados no software RetScreen, surgiram pequenas variações, mas as tendências dos valores são quase semelhantes.

Tabela 2.4 Radiação solar diária em Al Baha

Radiação solar diária - horizontal		
kWh/m2/d		
Mês	Estação local Dados medidos	Dados do RetScreen
janeiro	3.81	4.39
fevereiro	4.95	5.20
março	5.48	5.95
abril	6.19	6.60
maio	7.40	6.85
junho	7.40	7.08
julho	6.75	6.81
agosto	6.64	6.22
setembro	6.38	6.09
outubro	6.00	5.84
novembro	4.63	4.76
dezembro	3.71	4.23

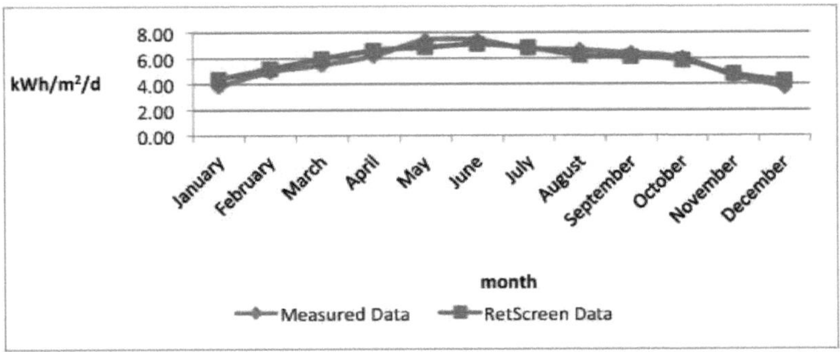

Fig.2.19 Radiação solar diária em Al Baha

2.4 Resumo

O clima da Arábia Saudita varia de uma região para outra devido às suas diversas caraterísticas topográficas. Em consequência de um sistema subtropical de alta pressão, o clima do Reino é geralmente quente no verão e frio no inverno, onde a chuva cai frequentemente. O clima é moderado na parte ocidental e sudoeste do reino; o verão é quente e seco e o inverno frio nas zonas interiores; e a temperatura e a humidade são elevadas nas zonas costeiras.

O clima em Al Baha é grandemente afetado pelas suas caraterísticas geográficas variáveis. Em geral, o clima em Al Baha é ameno, com temperaturas que variam entre os 12 e os 23 graus Celsius. Devido à sua localização a 2500 metros acima do nível do mar, o clima é moderado no pátio no verão e frio no inverno. Na zona de Tehama da província, que se situa na costa, o clima é quente no verão e morno no inverno. A humidade varia entre 52% e 67%. Enquanto na região montanhosa, conhecida como As-Sarah, o clima é mais fresco no verão e no inverno. A precipitação na região montanhosa situa-se entre 229 e 581 mm. A média anual em toda a região é de 100-250 mm.

Neste capítulo, foram verificados os dados climáticos da região de Al Baha:

-) a estação meteorológica do aeroporto doméstico de Al-Baha.
-) os dados disponíveis no software de estudos de energias renováveis (RetScreen).
-) recolhidos durante o período deste estudo da estação meteorológica que foi instalada na Faculdade de Engenharia no bairro de Raghadan, na cidade de Al-Baha.

Verificou-se que existem poucas diferenças quando se comparam os dados das três fontes acima mencionadas. Os dados climáticos que foram utilizados neste estudo podem ser resumidos da seguinte forma:

- A temperatura varia tipicamente durante o ano entre 11 °C e 35 °C e raramente é inferior a 7 graus Celsius ou superior a 36 graus Celsius.
- A duração do dia varia muito ao longo do ano, sendo o dia mais curto 21 de dezembro (dia 10 horas e 54 minutos) e o dia mais longo 20 de junho (dia 13 horas e 22 minutos).
- A média de nuvens nubladas constitui 17% do tempo durante o ano, enquanto a maior parte do tempo, o céu está parcialmente nublado ou limpo.
- a possibilidade de chuva varia ao longo do ano, onde a maior parte da chuva ocorre em 32% dos dias. E a possibilidade de menor precipitação ocorre em 5% dos dias.
- A humidade relativa varia normalmente entre 13% (muito seco) e 75% (húmido) ao longo do ano, e raramente desce abaixo dos 7% (muito seco) ou excede os 95% (muito húmido).
- O ponto de orvalho varia normalmente entre 2°C (seco) e 13°C (muito confortável) e raramente é inferior a -7°C (seco) ou superior a 18°C (moderado) de humidade.
- Ao longo do ano, as velocidades típicas do vento variam entre 0 m/s e 9 m/s (brisa calma a confortável), raramente ultrapassando os 12 m/s (brisa forte) m/s 12.2. A velocidade média mais elevada do vento é de 5 m/s, numa altura em que a velocidade média diária máxima do vento é de 9 m/s.
- temperatura média mais elevada durante o ano 31°C e a temperatura média mais baixa 15° C.
- A radiação solar diária varia entre 4,23 kWh/m2 /dia (valor mínimo) em dezembro e 7,4 kWh/m2 /dia (valor máximo) em junho.

Capítulo 3

Estimativa de energia de Aquecedores de água eléctricos Consumo na região de Al Baha

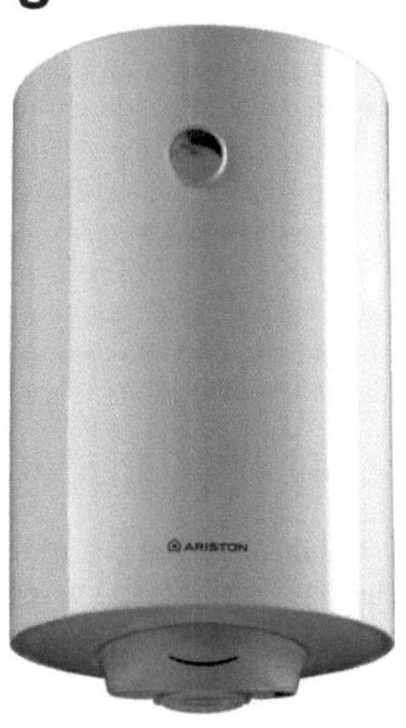

3.Estimativa energética do consumo de aquecedores eléctricos de água na região de Al Baha

3.1 Introdução

A estimativa da habitação e da população a nível provincial e a nível da região de Al Baha é necessária para a realização de estudos relacionados com a avaliação do consumo de energia eléctrica. Assim, com base em informações estatísticas, os quadros seguintes[16], mostram o número de habitações e o número de agregados familiares e o número de indivíduos em cada tipo de habitação na região de Al Baha, com base nos resultados do recenseamento da população e da habitação de 1431.

O quadro 3.1 mostra as estimativas da população até ao ano 2015, com um aumento anual de 2,5% a nível da região de Al Baha e das sete províncias da região.

Os quadros 3.2, 3.3 e 3.4 apresentam informações sobre os alojamentos familiares, os agregados familiares e os indivíduos por tipo de alojamento, posse do alojamento e fonte de eletricidade, respetivamente. Os seguintes dados estatísticos podem ser resumidos a partir dos quadros acima mencionados,

Total de unidades habitacionais = 75227

Total de agregados familiares = 75490

Total de pessoas = 406724

Além disso, pode verificar-se através desta secção que o consumo médio de energia dos aquecedores eléctricos ao nível da região de Al Baha é de 150 GWh/ano, dependendo dos pressupostos tomados em consideração neste estudo.

Quadro 3.1 População de Al Baha

Ano	2010	2011	2012	2013	2014	2015	2016	2017	2018	2019	2020	2021	2022	2023	2024	2025
Governadorado	População															
Albaha	104990	107873	110779	113627	116413	119126	121767	124333	126820	129225	131545	133780	135917	137965	139921	141786
Biljurashi	66209	67986	69771	71527	73248	74829	76568	78164	79715	81217	82670	84070	85413	86700	87930	89108
Almandag	47930	49126	50327	51515	52690	53843	54976	56087	57172	58231	59259	60257	61216	62140	63025	63882
Almukhwah	71710	73529	75357	77163	78944	80690	82404	84080	85716	87309	88856	90354	91793	93179	94509	95785
Alaqiq	36164	37120	38081	39026	39955	40862	41749	42614	43455	44270	45060	45822	46553	47256	47927	48571
Qilwah	59098	60553	62012	63459	64890	66297	67682	69041	70371	71668	72932	74157	75337	76476	77570	78623
Alqari	31949	32773	33600	34416	35220	36008	36779	37532	38266	38980	39672	40342	40986	41603	42197	42765
Total	418050	428960	439927	450733	461360	471755	481925	491851	501515	510900	519994	528782	537215	545319	553083	560520

Quadro 3.2 Unidades de alojamento, agregados familiares e indivíduos por tipo de unidade de alojamento

Governadorado	Tipo de unidade de alojamento							
		Apartamento	Um andar numa casa tradicional	Um andar numa vila	Vila	Casa tradicional	Outros	Total
Albaha	Unidades de alojamento	8184	392	3217	3069	2627	1044	18533
	Agregados familiares	8186	392	3238	3100	2640	1044	18600
	pessoas	31392	2412	19865	22187	22803	2617	101276
Biljurashi	Unidades de alojamento	4423	242	2005	2068	3424	533	12695
	Agregados familiares	4425	242	2014	2116	3459	533	12789
	pessoas	16262	1472	10785	13466	20825	1449	64259
Almandag	Unidades de alojamento	2377	334	1500	932	3266	456	8865
	Agregados familiares	2382	334	1506	936	3288	456	8902
	pessoas	9467	2048	8501	5813	20440	955	47224
Almukhwah	Unidades de alojamento	3470	375	318	828	7275	316	12582
	Agregados familiares	3472	375	318	829	7277	316	12587
	pessoas	16719	2323	2580	9060	38094	1395	70171
Alaqiq	Unidades de alojamento	1544	109	338	774	3023	540	6328
	Agregados familiares	1545	109	339	782	3043	541	6359
	pessoas	8177	720	1821	7376	14771	1913	34778
Qilwah	Unidades de alojamento	2254	324	71	734	6418	172	9973
	Agregados familiares	2254	324	71	734	6418	172	9973
	pessoas	11969	2117	492	7492	35164	661	57895
Alqari	Unidades de alojamento	1046	815	217	538	2965	670	6251
	Agregados familiares	1048	815	218	541	2988	670	6280
	pessoas	4331	5247	1118	3997	14858	1570	31121
Total	Unidades de alojamento	23298	2591	7666	8943	28998	3731	75227
	Agregados familiares	23312	2591	7704	9038	29113	3732	75490
	pessoas	98317	16339	45162	69391	166955	10560	406724

Quadro 3.3 Unidades de alojamento, agregados familiares e indivíduos por posse de habitação

Quadro 3.3 Unidades de alojamento, agregados familiares e indivíduos por posse de habitação

Governadorado		Posse de habitação				
		Fornecido pelo empregador	Alugado	Propriedade	Outros	Total
Albaha	Unidades de alojamento	3041	5661	9733	98	18533
	Agregados familiares	3043	5669	9790	98	18600
	pessoas	8779	26205	65699	633	101276
Biljurashi	Unidades de alojamento	2151	3074	7402	68	12695
	Agregados familiares	2153	3074	7494	68	12789
	pessoas	5007	11524	47348	380	64259
Almandag	Unidades de alojamento	952	1513	6385	15	8865
	Agregados familiares	952	1514	6421	15	8902
	pessoas	1949	4623	40534	118	47224
Almukhwah	Unidades de alojamento	1168	2568	8765	81	12582
	Agregados familiares	1168	2568	8770	81	12587
	pessoas	3389	12582	53804	396	70171
Alaqiq	Unidades de alojamento	967	1432	3913	16	6328
	Agregados familiares	967	1433	3943	16	6359
	pessoas	2520	6555	25584	119	34778
Qilwah	Unidades de alojamento	562	1946	7316	149	9973
	Agregados familiares	562	1946	7316	149	9973
	pessoas	1503	9796	45637	959	57895
Alqari	Unidades de alojamento	1284	660	4263	44	6251
	Agregados familiares	1284	661	4291	44	6280
	pessoas	2614	2774	25428	285	31121
Total	Unidades de alojamento	10125	16854	47777	471	75227
	Agregados familiares	10129	16865	48025	471	75490
	pessoas	25781	174059	303994	2890	406724

Quadro 3.4 Unidades de alojamento, agregados familiares e indivíduos por fonte de eletricidade

Governadorado		Fonte de eletricidade					
		Gerador privado	Privado Rede	Rede pública	Outros	Não existente	Total
Albaha	Unidades de alojamento	13	59	18452	2	7	18533
	Agregados familiares	13	59	18519	2	7	18600
	pessoas	56	320	100882	2	12	101276
Biljurashi	Unidades de alojamento	141	62	12394	9	89	12695
	Agregados familiares	141	62	12488	9	89	12789
	pessoas	778	309	62792	29	351	64259
Almandag	Unidades de alojamento	20	52	8777	2	14	8865
	Agregados familiares	20	52	8814	2	14	8902
	pessoas	62	258	46869	2	33	47224
Almukhwah	Unidades de alojamento	102	54	12180	1	245	12582
	Agregados familiares	102	54	12185	1	245	12587
	pessoas	434	284	68191	3	1259	70171
Alaqiq	Unidades de alojamento	159	19	6010	1	139	6328
	Agregados familiares	159	19	6041	1	139	6359
	pessoas	695	107	33385	1	590	34778
Qilwah	Unidades de alojamento	36	41	9793	1	102	9973
	Agregados familiares	36	41	9793	1	102	9973
	pessoas	179	248	57090	9	369	57895
Alqari	Unidades de alojamento	24	33	6094	26	74	6251
	Agregados familiares	24	33	6123	26	74	6280
	pessoas	120	189	30515	57	240	31121
Total	Unidades de alojamento	495	320	73700	42	670	75227
	Agregados familiares	495	320	73963	42	670	75490
	pessoas	2324	1715	399724	107	2854	406724

3.2 Estimativa do consumo de EWHs

Foram instalados contadores de energia em vários tipos de habitações em Al Baha para determinar o consumo de energia dos aquecedores de água eléctricos. Os tipos de unidades de alojamento são apartamentos, um andar numa casa tradicional e vivendas. Em cada tipo de unidade habitacional foi instalado um ou mais aquecedores eléctricos, de acordo com a classificação das unidades habitacionais utilizada neste estudo. Depois disso, as medições de energia foram registadas durante um ano deste estudo (2014-2015). De seguida, foi calculada a energia consumida pelos AQS.

3.2.1 Especificação técnica do contador de energia

O medidor de potência tem as seguintes especificações técnicas:

Tensão de funcionamento: 230, 50/60 Hz

Corrente de funcionamento: máx. 16 A

Ampla gama de tensão: 230-250 V

A Fig. 3.1 mostra o contador de energia utilizado, que pode indicar a hora, a energia acumulada consumida, a corrente e a tensão.

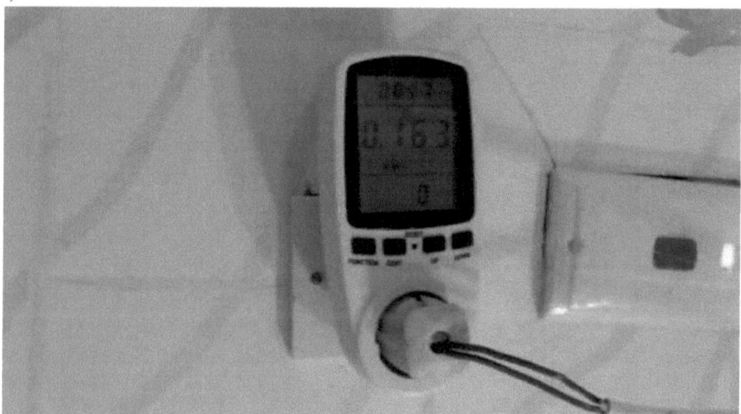

Fig.3.1 O medidor de energia eléctrica utilizado para as medições

3.2.2 Classificação das unidades de alojamento

As unidades habitacionais são classificadas, com base na água quente consumida, de acordo com o número de AQS instalados nas unidades e o número de habitantes.

Primeira categoria

Existe um AQS que fornece água quente para a cozinha e para a casa de banho num alojamento com um ou dois habitantes. A Tabela 3.5 mostra a energia consumida pelos AQS desta categoria. Nesta categoria, o AQS consome em média 1500 kWh por ano, o que representa cerca de 22% da energia do alojamento familiar durante o ano.

Quadro 3.5 Consumo de EWH da primeira categoria

Época	Média kWh consumido mensalmente Por EWH	Média de horas de funcionamento diário De EWH	Média Mensal Total consumida da unidade habitacional kWh	% De SWH do total consumido
primavera	120	4	500	24
verão	120	4	600	20
outono	130	5	500	26
inverno	130	5	650	20

Segunda categoria

Existe um AQS que fornece água quente para a cozinha e para a casa de banho no alojamento com um número de habitantes igual ou superior a três pessoas. A Tabela 3.6 mostra a energia consumida pelo AQS desta categoria. Nesta categoria, o AQS consumiu em média 2000 kWh por ano, o que representa cerca de 32% da energia do alojamento familiar durante o ano.

Quadro 3.6 Consumo de água quente sanitária da segunda categoria

Época	Média kWh consumido mensalmente Por EWH	Horas médias de funcionamento De EWH	Média Mensal Total consumida da unidade habitacional kWh	% De SWH do total consumido
primavera	160	7	500	32
verão	160	6	600	27
outono	200	6	550	36
inverno	200	8	650	31

Terceira categoria

Existem dois EWHs na unidade habitacional. Um fornece água quente para a cozinha e o outro fornece água quente para a casa de banho. Os habitantes são três ou mais pessoas. A tabela 3.7 mostra a energia consumida pelos AQS desta categoria. Nesta categoria, os AQS consomem em média cerca de 2500 kWh por ano, o que representa cerca de 17% da energia do alojamento familiar durante o ano.

Quadro 3.7 Consumo de água quente sanitária de terceira categoria

Época	kWh consumido mensalmente Por EWH	Horas de funcionamento De EWH	Mensal Total consumido do alojamento familiar kWh	% De SWH do total consumido
primavera	190	7	1000	20
verão	190	7	1500	10
outono	240	8	1000	17
inverno	240	8	2000	12

Quarta categoria

Existem três ou mais EWHs no alojamento familiar. Um fornece água quente para a cozinha e os outros fornecem água quente para várias casas de banho. Os habitantes são três ou mais pessoas. A tabela 3.8 mostra a energia consumida pelos AQS desta categoria. Nesta categoria, os AQS consomem em média cerca de 3500 kWh por ano, o que representa cerca de 22% da energia do alojamento familiar durante o ano.

Quadro 3.8 Consumo de água quente sanitária da quarta categoria

Época	kWh consumido mensalmente Por EWH	Horas de funcionamento De EWH	Mensal Total consumido do alojamento familiar kWh	% De SWH do total consumido
primavera	260	9	1000	23
verão	260	9	1600	15
outono	330	10	1200	22
inverno	330	10	2000	18

Deve ser mencionado que os valores percentuais nos quadros acima são afectados pelo aquecimento e arrefecimento do ar no interior das unidades habitacionais durante o inverno e o verão, respetivamente.

3.2.3 Estimativa do consumo de energia

Com base nas informações sobre as unidades habitacionais e a classificação das unidades habitacionais mencionadas nas secções anteriores, os AEP consumiram 150 GWh/ano na região de Al-Baha. O cálculo foi efectuado com base na seguinte abordagem:

1) Encontre o total de unidades habitacionais para cada categoria a partir das Tabelas Estatísticas mostradas anteriormente e resumidas na Tabela 3.9, então

2) Utilizar a média dos kWh/ano medidos para calcular a energia anual total consumida por ano em cada categoria

3) Soma do total anual de energias consumidas de todas as categorias

Tabela 3.9 Consumo de energia dos EWHs na região de Al Baha

Categoria	Média de kWh/ano consumidos	N.º de unidades de alojamento	Total de kWh/ano consumidos $*10^6$
Primeiro	1500	35320	52.98
segundo	2000	23258	46.516
Terceiro	2500	7666	19.165
Quarto	3500	8943	31.3
Energia total consumida pelo EWH		é	150

3.3 Resumo

A energia eléctrica para aquecimento de água na região de Al Baha foi estimada através das seguintes etapas:

- Estimativa da população e das unidades de alojamento a nível provincial e a nível da região de Al Baha, a fim de conhecer o número de habitações, o número de agregados familiares e o número de indivíduos em cada tipo de unidades de alojamento.
- Classificação dos alojamentos familiares, em termos de utilização de água quente, com base no número de aquecedores eléctricos instalados e no número de pessoas que vivem no alojamento, em quatro tipos.
- Instalação de dispositivos de medição de energia eléctrica em várias unidades habitacionais na região de Al Baha, de acordo com os quatro tipos identificados para o ano durante o período do presente estudo
- Cálculo da energia eléctrica para cada tipo de unidade de alojamento.
- Cálculo da energia eléctrica total utilizada para o aquecimento de água doméstica na região de Al Baha, que equivale aproximadamente a 150 GWh por ano.

Nos capítulos seguintes e com base na determinação do consumo total de energia, o programa de simulação (RetScreen) é utilizado para avaliar a viabilidade económica da substituição de aquecedores solares de água em vez da utilização de aquecedores eléctricos. Também é utilizado para conhecer a quantidade de emissões de dióxido de carbono, que podem ser reduzidas como resultado da substituição de EWHs por SWHs.

Capítulo 4

Aquecedor solar de água (SWH)

Sistemas

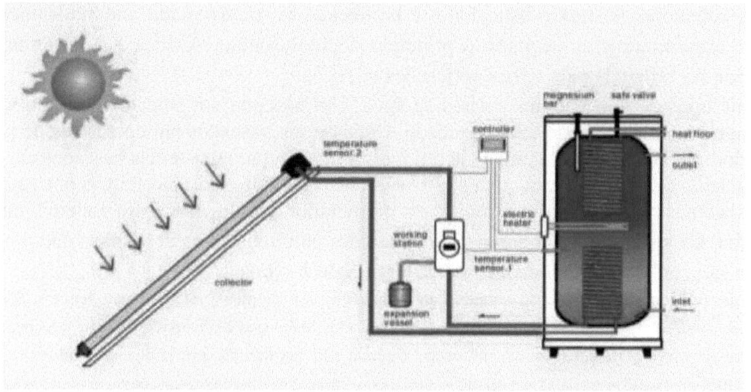

4. Sistemas de Aquecimento Solar de Água (SWH)

4.1 Introdução

Um aquecedor solar de água é um dispositivo que fornece água quente para tomar banho, lavar, limpar, etc., utilizando a energia solar. É geralmente instalado num local onde existe luz solar e aquece a água durante o dia, que é armazenada num tanque de armazenamento isolado para ser utilizada quando necessário.

Um aquecedor solar de água é composto por um conjunto de colectores solares para recolher a energia solar e um depósito isolado para armazenar água quente. Ambos estão ligados entre si. Durante o dia, a água nos colectores solares é aquecida e é bombeada ou transportada automaticamente para o depósito de armazenamento, segundo o princípio do termossifão. A água quente armazenada no depósito pode ser utilizada para várias aplicações[17-22].

Existem dois tipos de aquecedores solares de água. Um baseado em colectores de placa plana e o outro baseado em colectores de tubo evacuado. Os sistemas baseados em colectores de placa plana (FPC) são do tipo metálico e têm uma vida útil mais longa do que os sistemas baseados em colectores de tubo evacuado (ETC), uma vez que os ETC são feitos de vidro, que são frágeis por natureza.

Estes dois sistemas estão disponíveis com e sem permutador de calor. Também podem funcionar com e sem bomba. Os sistemas sem bomba são conhecidos como sistemas de termossifão e os sistemas com bomba são conhecidos como sistemas de circulação forçada.

Os sistemas que funcionam com base no princípio do termossifão são simples e relativamente baratos. São adequados para aplicações domésticas e institucionais de pequena dimensão, desde que a qualidade da água seja boa e não tenha grandes teores de cloro. Os sistemas de circulação forçada são geralmente preferidos em indústrias ou grandes estabelecimentos.

Em locais onde a água é dura e tem um maior teor de cloro, se o sistema baseado em FPC for instalado, deve ser com permutador de calor, uma vez que evitará a deposição de incrustações nos tubos de cobre dos colectores solares, o que pode bloquear o fluxo de água e reduzir o seu desempenho térmico. Os sistemas baseados em ETC não bloquearão o fluxo de água, mas o seu desempenho pode diminuir devido à deposição de sal na superfície interna dos tubos de vidro, que podem ser limpos facilmente uma vez por ano.

4.2 Tipos de sistemas de aquecimento solar de água

Um aquecedor solar de água é uma combinação de um conjunto de colectores solares, um sistema de transferência de energia e um depósito de armazenamento. A parte principal de um aquecedor solar de água é o conjunto de colectores solares, que absorve a radiação solar e a converte em calor. Este calor é então absorvido por um fluido de transferência de calor (água, líquido não congelante ou ar) que passa através do coletor. Este calor pode então ser armazenado ou utilizado diretamente. Como se sabe que partes do sistema de energia solar estão expostas às condições climatéricas, devem ser protegidas contra o congelamento e o sobreaquecimento causados por níveis elevados de insolação durante períodos de baixa procura de energia.

Existem dois tipos de sistemas de aquecimento solar de água[23,24]:

- Sistemas diretos ou de circuito aberto, em que a água potável é aquecida diretamente no coletor.
- Sistemas indirectos ou de circuito fechado, em que a água potável é aquecida indiretamente por um fluido de transferência de calor que é aquecido no coletor e passa através de um permutador de calor para transferir o seu calor para a água doméstica.

Os sistemas diferem também no que respeita à forma como o fluido de transferência de calor é transportado:

- Sistemas naturais (ou passivos).
- Sistemas de circulação forçada (ou ativa).

A circulação natural ocorre por convecção natural (termossifão), enquanto os sistemas de circulação forçada utilizam bombas ou ventiladores para fazer circular o fluido de transferência de calor através do coletor. Com exceção dos sistemas de termossifão e dos sistemas integrados de armazenamento de colectores, que não necessitam de controlo, os sistemas solares de água quente sanitária são controlados através de termóstatos diferenciais. Alguns sistemas utilizam também um permutador de calor do lado da carga entre o fluxo de água potável e o depósito de água quente.

Podem ser utilizados sete tipos de sistemas de energia solar para aquecer água quente sanitária, como se mostra na Tabela 4.1. Os sistemas de armazenamento por termossifão e colectores integrados são chamados *sistemas passivos* porque não é utilizada nenhuma bomba , enquanto os outros são chamados *sistemas activos* porque é utilizada uma bomba ou ventilador para fazer circular o fluido. Para proteção contra o congelamento, a recirculação e a drenagem são utilizadas para sistemas de aquecimento solar direto de água e a drenagem é utilizada para sistemas de aquecimento indireto de água.

Tem sido utilizada uma vasta gama de colectores para sistemas de aquecimento solar de água, tais como placa plana, tubo evacuado e parabólico composto. Para além destes tipos de colectores, os sistemas de maior dimensão podem utilizar tipos mais avançados, como a calha parabólica.

A quantidade de água quente produzida por um aquecedor solar de água depende do tipo e dimensão do sistema, da quantidade de luz solar disponível no local e do padrão sazonal de procura de água quente[25].

Tabela 4.1 Sistemas solares de aquecimento de água

N o.	Tipo	
1	Termossifão (direto e indireto)	Sistemas activos
2	Armazenamento integrado do coletor	
3	Sistemas de circulação direta (ou ativa em circuito aberto)	Sistemas passivos
4	Sistemas de circulação indireta (ou circuito fechado ativo), permutador de calor interno e externo	
5	Sistemas de ar	
6	Sistemas de bombas de calor	
7	Sistemas de aquecimento de piscinas	

4.2.1 Sistemas passivos

Dois tipos de sistemas pertencem a esta categoria: o termossifão e os sistemas integrados de armazenamento de colectores.

4.2.1.1 Sistemas de termossifão

Os sistemas de termossifão, representados esquematicamente na Figura 4.1 e fotograficamente nas Figuras 4.2 e 4.3, aquecem a água potável ou o fluido de transferência utilizando a convecção natural para a transportar do coletor para o armazenamento. O efeito de termossifão ocorre porque a densidade da água diminui com o aumento da temperatura. Assim, por ação da radiação solar absorvida, a água no coletor é aquecida e expande-se, tornando-se menos densa, e sobe através do coletor até ao topo do depósito de armazenamento.

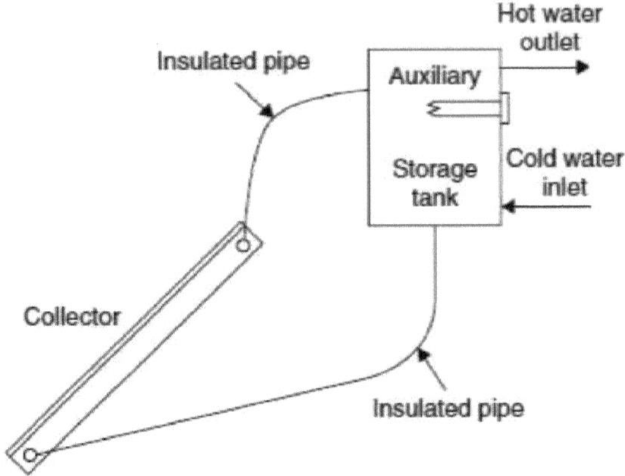

Fig.4.1 Diagrama esquemático de um aquecedor solar de água por termossifão direto

Fig.4.2 Um aquecedor solar de água por termossifão direto

(Configuração do coletor de tubos evacuados)

Fig.4.3 Um aquecedor solar de água por termossifão direto
(Configuração do coletor de placa plana)

4.2.1.2 Sistemas integrados de armazenagem de colectores

Os sistemas de armazenamento integrado no coletor (ICS) utilizam o armazenamento de água quente como parte do coletor, ou seja, a superfície do tanque de armazenamento é também utilizada como absorvedor do coletor, como se mostra nas Figuras 4.4, 4.5 e 4.6. Como em todos os outros sistemas, para melhorar a estratificação, a água quente é retirada do topo do depósito e a água fria de compensação entra no fundo do depósito, no lado oposto.

A principal desvantagem dos sistemas ICS são as elevadas perdas térmicas do tanque de armazenamento para o ambiente, uma vez que a maior parte da superfície do tanque de armazenamento não pode ser isolada termicamente, porque está intencionalmente exposta para poder absorver a radiação solar. Em particular, as perdas térmicas são maiores durante a noite e em dias nublados com temperaturas ambiente baixas. Devido a estas perdas, a temperatura da água desce substancialmente durante a noite, especialmente durante o inverno.

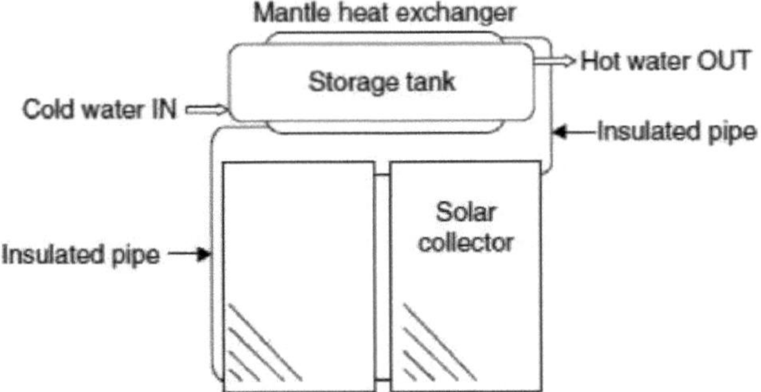

Fig. 4.4 Conceito de permutador de calor do manto

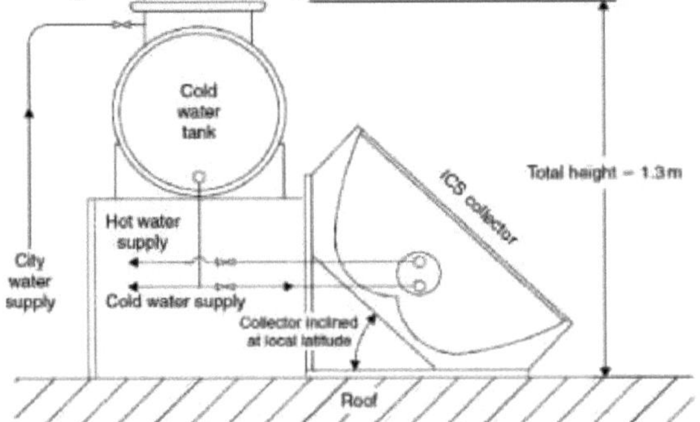

Fig.4.5 O sistema solar de água quente ICS completo

Fig. 4.6 Sistemas integrados de armazenagem em colectores

4.2.2 Sistemas activos

Nos sistemas activos, a água ou um fluido de transferência de calor é bombeado através dos colectores. Estes são normalmente mais caros e um pouco menos eficientes do que os sistemas passivos, especialmente se forem necessárias medidas anticongelantes. Além disso, os sistemas activos são mais difíceis de reequipar nas casas, especialmente quando não há cave, porque é necessário espaço para o equipamento adicional, como o cilindro de água quente. Cinco tipos de sistemas pertencem a esta categoria: sistemas de circulação direta, sistemas de aquecimento indireto de água, sistemas de ar, sistemas de bomba de calor e sistemas de aquecimento de piscinas.

4.2.2.1 Sistemas de circulação direta

Um diagrama esquemático de um sistema de circulação direta é apresentado na Figura 4.7. Neste sistema, é utilizada uma bomba para fazer circular a água potável do depósito para os colectores quando há energia solar disponível suficiente para aumentar a sua temperatura e depois devolver a água aquecida ao depósito até ser necessária. Como é utilizada uma bomba para fazer circular a água, os colectores podem ser montados acima ou abaixo do depósito de armazenamento. Os sistemas de circulação direta utilizam frequentemente um único depósito de armazenamento equipado com um aquecedor de água auxiliar, mas também podem ser utilizados sistemas de armazenamento com dois depósitos. Uma caraterística importante desta configuração é a válvula de retenção com mola, que é utilizada para evitar perdas de energia na circulação por termossifão invertido quando a bomba não está a funcionar.

Os sistemas de circulação direta podem ser utilizados com água fornecida por um tanque de armazenamento de água fria ou ligada diretamente à rede de água da cidade. No entanto, são necessárias válvulas redutoras de pressão e válvulas de descompressão quando a pressão da água da cidade é superior à pressão de funcionamento dos colectores. Os sistemas de aquecimento direto de água não devem ser utilizados em zonas onde a água é extremamente dura ou ácida, porque os depósitos de calcário podem entupir ou corroer os colectores.

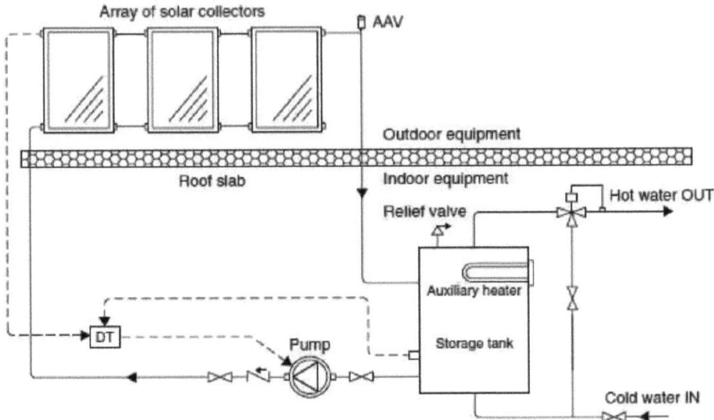

Fig.4.7 Sistema de circulação direta

4.2.2.2 Sistemas de aquecimento indireto de água

Um diagrama esquemático dos sistemas de aquecimento indireto de água é apresentado na Figura 4.8. Neste sistema, um fluido de transferência de calor circula através do circuito fechado do coletor até um permutador de calor, onde o seu calor é transferido para a água potável. Os fluidos de transferência de calor mais comummente utilizados são soluções de água-etilenoglicol, embora possam ser utilizados outros fluidos de transferência de calor, como óleos de silicone e refrigerantes. Quando são utilizados fluidos não potáveis ou tóxicos, devem ser utilizados permutadores de calor de parede dupla. O permutador de calor pode estar localizado no interior do tanque de armazenamento, à volta do tanque de armazenamento ou no exterior do tanque de armazenamento. Deve-se notar que o circuito do coletor é fechado; portanto, são necessários um tanque de expansão e uma válvula de alívio de pressão. Pode ser necessária uma proteção adicional contra a sobretemperatura para evitar que o fluido de transferência de calor do coletor se decomponha ou se torne corrosivo.

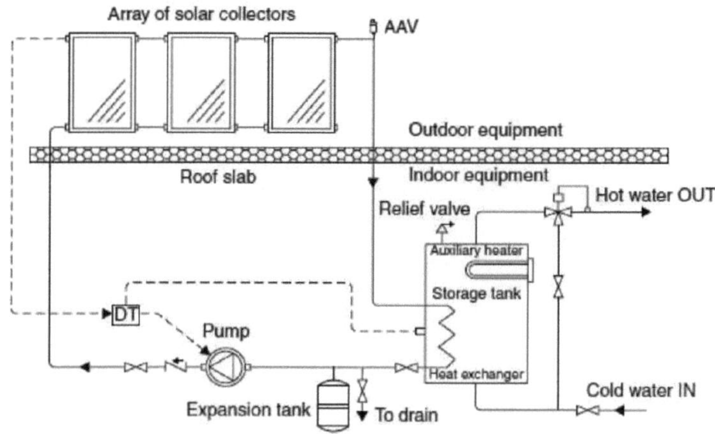

Fig. 4.8 Sistema de aquecimento indireto de água

4.2.3 Sistemas de bombas de calor

As bombas de calor utilizam energia mecânica para transferir energia térmica de uma fonte a uma temperatura mais baixa para um dissipador a uma temperatura mais elevada. A maior vantagem dos sistemas de aquecimento com bomba de calor eléctrica, em comparação com o aquecimento por resistência eléctrica ou combustíveis caros, é que o coeficiente de desempenho da bomba de calor (COP; relação entre o desempenho do aquecimento e a energia eléctrica) é superior à unidade para o aquecimento; assim, produz 9 a 15 MJ de calor por cada quilowatt-hora de energia fornecida ao compressor, o que permite poupar na compra de energia. Uma possível desvantagem deste sistema é que a transferência de calor do condensador é limitada pela convecção livre da parede do tanque, que pode ser minimizada utilizando uma grande área de transferência de calor no tanque. Uma desvantagem mais importante deste sistema é o facto de o circuito de refrigeração da bomba de calor ter de ser evacuado e carregado no local, o que requer equipamento e conhecimentos especiais.
Esta desvantagem é eliminada através da utilização de sistemas compactos de bombas de calor solares.

4.2.4 Sistemas de aquecimento de piscinas

Os sistemas de aquecimento solar de piscinas não necessitam de um depósito de armazenamento separado, como mostra a Fig. 4.9, porque a própria piscina serve de armazenamento. Na maioria dos casos, a bomba de filtração da piscina é utilizada para fazer circular a água através de painéis solares ou tubos de plástico. Para o funcionamento durante todo o dia, não são necessários controlos automáticos, porque a piscina funciona normalmente quando o sol está a brilhar. Se forem utilizados tais controlos, estes são utilizados para direcionar o fluxo de água filtrada para os colectores apenas quando o calor solar está disponível. Isto também pode ser conseguido através de uma simples válvula acionada manualmente. Normalmente, estes tipos de sistemas solares são concebidos para drenar a água para a piscina quando a bomba é desligada.

Fig.4.9 Sistemas de aquecimento de piscinas

Capítulo 5

Aquecedores solares de água sugeridos para utilização na região de Al-Baha

5. Aquecedores solares de água sugeridos para utilização na região de Al Baha

Existem várias ferramentas e técnicas [26-33] para utilizar os dados recolhidos e as energias calculadas nos capítulos anteriores, a fim de selecionar e dimensionar SWHs para diferentes tipos de carga. Mas neste trabalho, a análise foi efectuada pelo software RETScreen International [29]. O modelo de aquecimento solar de água RETScreen® International é utilizado para avaliar facilmente a produção de energia, os custos do ciclo de vida e a redução das emissões de gases com efeito de estufa para três aplicações básicas: água quente sanitária, aquecimento de processos industriais e piscinas (interiores e exteriores), desde pequenos sistemas residenciais a sistemas comerciais, institucionais e industriais de grande escala.

5.1 Tipos de SWH sugeridos

Existem vários aquecedores solares de água de tamanho doméstico disponíveis no mercado. Mas, com base nos dados climáticos recolhidos para Al Baha no capítulo 2, os sistemas de termossifão descritos no capítulo 4 são suficientes e baratos para serem utilizados na região de Al Baha. Nestes tipos, a água potável aquecida ou o fluido de transferência utilizam a convecção natural para a transportar do coletor para o depósito. O efeito de termossifão ocorre porque a densidade da água diminui com o aumento da temperatura. Assim, pela ação da radiação solar absorvida, a água no coletor é aquecida e expande-se, tornando-se menos densa, e sobe através do coletor para o topo do tanque de armazenamento[23]. Os preços internacionais destes tipos de SWH podem ser estimados de acordo com a capacidade do tanque do sistema de armazenamento (4 USD/litro), com base num inquérito realizado sobre o custo dos SWH durante este trabalho.

5.2 Dimensionamento de SWHs

A fim de selecionar o tamanho adequado do SWH com base nas categorias de unidades habitacionais sugeridas no capítulo 3 e nos dados climáticos da região de Al-Baha explicados no capítulo 2, são considerados os seguintes factores que afectam o dimensionamento do SWH:

1) Latitude da região de Al Baha

A latitude geográfica da localização da região de Al Baha em graus medidos a partir do equador. Geralmente, as latitudes a norte do equador são registadas como valores positivos e as latitudes a sul do equador são registadas como valores negativos.

2) Inclinação do coletor solar

É o ângulo entre o coletor solar e a horizontal, em graus. Na maioria dos casos, a inclinação do coletor será:

- Igual ao valor absoluto da latitude do local: Esta é a inclinação que, em geral, maximiza a radiação solar anual no plano do coletor solar. Este valor é adequado para sistemas que funcionam durante todo o ano;
- Igual ao valor absoluto da latitude do local, menos 15°: Esta é a inclinação que, em geral, maximiza a radiação solar no plano do coletor solar no verão;
- Igual ao valor absoluto da latitude do local, mais 15°: Esta é a inclinação que, em geral, maximiza a radiação solar no plano do coletor solar no inverno. Esta inclinação também é recomendada em climas frios para minimizar a acumulação de neve; ou
- Igual à inclinação do telhado no qual o coletor será instalado: Não representa necessariamente um ponto ótimo em termos de produção de energia, mas pode reduzir significativamente os custos de instalação ao eliminar a necessidade de uma estrutura de suporte, ou pode ser mais desejável do ponto de vista estético.

3) Azimute do coletor solar

É o ângulo entre a projeção, num plano horizontal, da normal à superfície e o meridiano local. A orientação preferida deve ser a do equador, caso em que o ângulo de azimute é de 0° no hemisfério norte e de 180° no hemisfério sul.

Consequentemente, o tamanho adequado de SWH para cada categoria é obtido a partir da análise RetScreen e resumido nas Tabelas 5.1 - 5.4.

Tabela 5.1 Tamanho do SWH para a primeira categoria

Ocupantes,	2	pessoas
Taxa de ocupação	100	%
Utilização diária de água quente	80	litro
Dias de funcionamento por semana	7	dias
Temperatura necessária da água quente	60	C^0
Tipo de coletor	Tubo de vácuo	
Área do coletor	1	m^2
Capacidade do tanque de SWH	80	litro

Tabela 5.2 Tamanho do SWH para a segunda categoria

Ocupantes,	4	pessoas
Taxa de ocupação	100	%
Utilização diária de água quente	140	litro
Dias de funcionamento por semana	7	dias
Temperatura necessária da água quente	60	C^0
Tipo de coletor	Tubo de vácuo	
Área do coletor	2	m^2
Capacidade do tanque de SWH	150	litro

Tabela 5.3 Tamanho do SWH para a terceira categoria

Ocupantes,	4	pessoas
Taxa de ocupação	100	%
Utilização diária de água quente	200	litro
Dias de funcionamento por semana	7	dias
Temperatura necessária da água quente	60	C^0
Tipo de coletor	Tubo de vácuo	
Área do coletor	3	m^2
Capacidade do tanque de SWH	200	litro

Tabela 5.4 Tamanho do SWH para a Quarta Categoria

Ocupantes,	6	pessoas
Taxa de ocupação	100	%
Utilização diária de água quente	300	litro
Dias de funcionamento por semana	7	dias
Temperatura necessária da água quente	60	C^0
Tipo de coletor	Tubo de vácuo	
Área do coletor	4	m^2
Capacidade do tanque de SWH	320	litro

5.3 Avaliação económica

Utilizando o modelo de análise financeira RETScreen, foi calculado o payback simples. O modelo parte dos seguintes pressupostos:

- O ano de investimento inicial é o ano 0;
- Os custos e créditos são apresentados em termos do ano 0, pelo que a taxa de inflação (ou a taxa de escalonamento) é aplicada a partir do ano 1; e
- A calendarização dos fluxos de caixa ocorre no final do ano.

Em seguida, a estimativa da energia poupada foi calculada se o EWH tivesse sido substituído pelo SWH, como mostra a Tabela 5.5.

Tabela 5.5 Energia poupada com a utilização de SWH em vez de EWH

Categoria	Média de kWh/ano/unidade poupados	N.º de unidades de alojamento	Total poupado a nível da região de Al Baha kWh/ano $*10^6$
Primeiro	1500	35320	52.98
segundo	2000	23258	46.516
Terceiro	2500	7666	19.165
Quarto	3500	8943	31.3
Total de energia poupada por SWHs			150

Depois disso, o fluxo de caixa acumulado é calculado com os seguintes pressupostos:

- A vida útil do SWH é de 15 anos
- fluxos de caixa em USD
- Utilizam-se tubos de vácuo envidraçados do tipo SWH.
- Estrutura tarifária da eletricidade residencial, como mostra o quadro 5.6:

Quadro 5.6 Eletricidade residencial Estrutura tarifária

KWh	Custo em SR	Custo em USD	Categoria
1- 2000	0.05	0.0133	1 e 2
2001-4000	0.1	0.027	3
4001-6000	0.12	0.032	4

Foram realizados dois estudos de caso; sem e com subsídios à eletricidade concedidos pelo governo saudita, de acordo com a estrutura tarifária do kWh, conforme mencionado na tabela acima; para cada categoria. As figuras 5.1 a 5.4 mostram os fluxos de caixa acumulados para cada categoria e a tabela 5.6 mostra os períodos de retorno para os dois casos. O primeiro, com o custo atual do kWh, em que este custo é subsidiado pelo governo da KSA. O segundo caso, se o custo real da produção de kWh for considerado como 0,056 USD (0,21 SR.

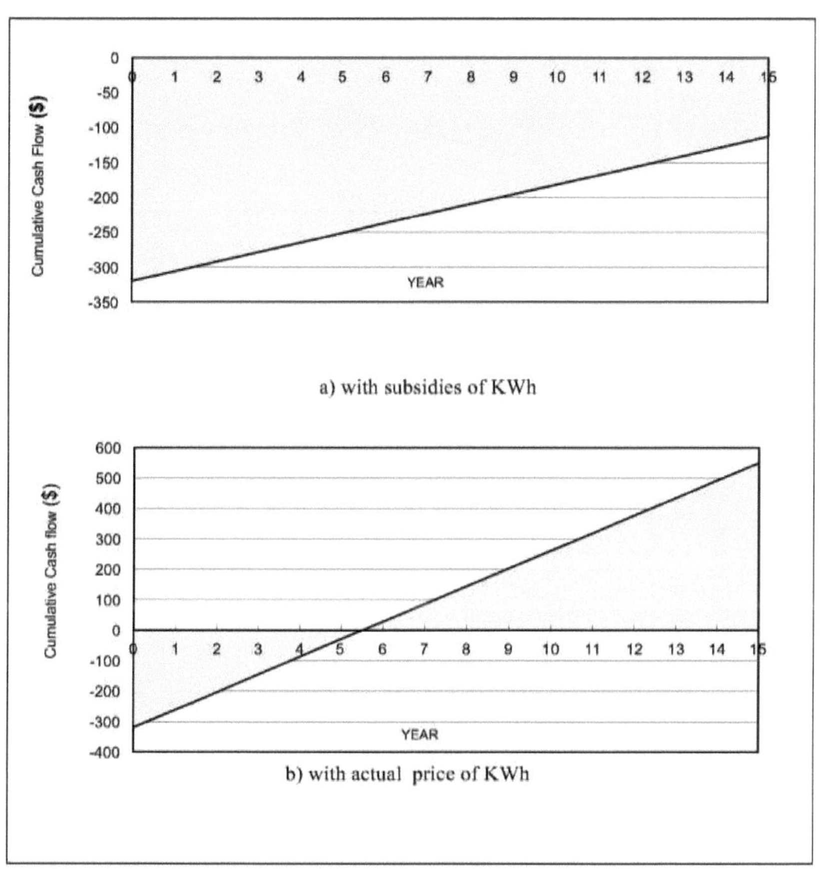

Fig.5.1 Fluxo de caixa acumulado da categoria 1

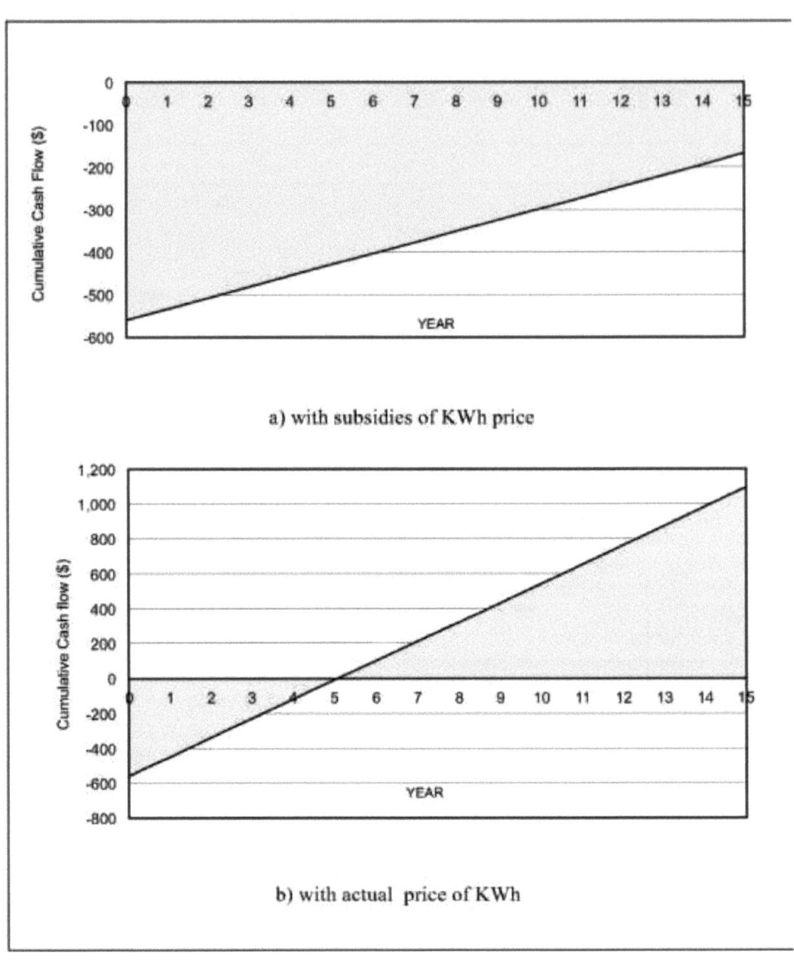

Fig.5.2 Fluxo de caixa acumulado da categoria 2

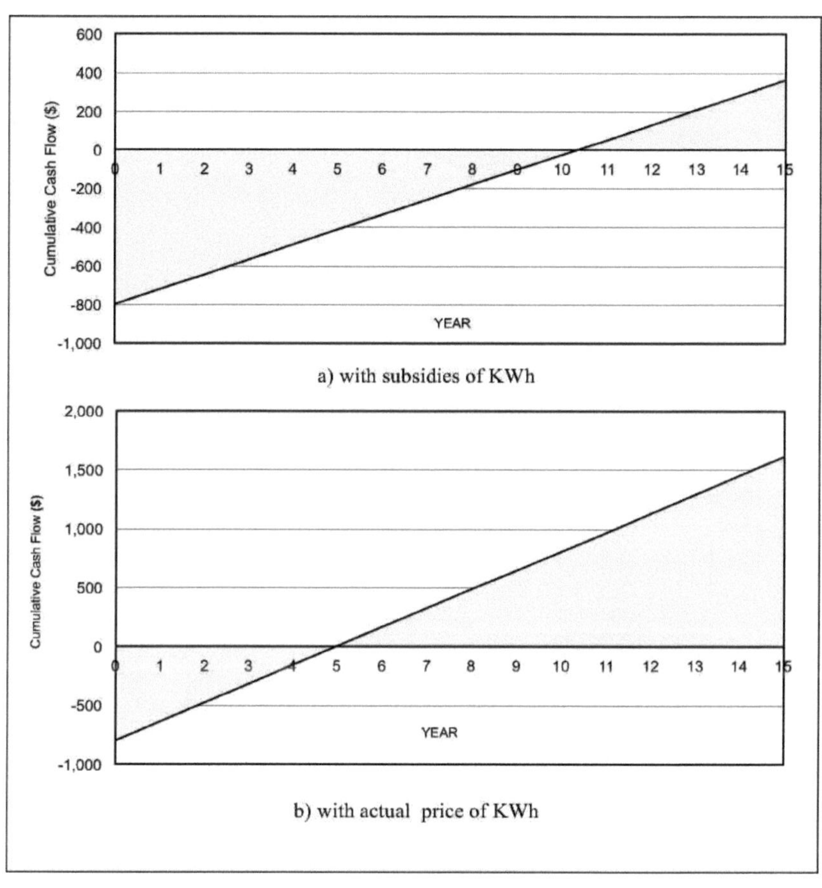

a) with subsidies of KWh

b) with actual price of KWh

Fig.5.3 Fluxo de caixa acumulado da categoria 3

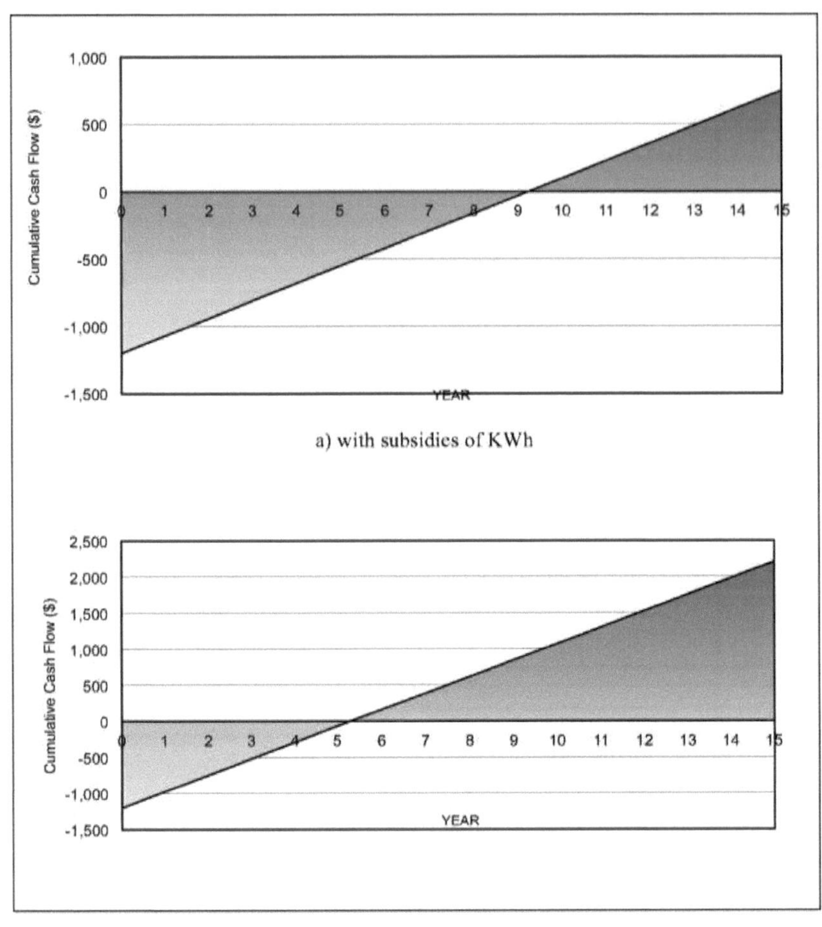

b) with actual price of KWh

Fig.5.4 Fluxo de caixa acumulado da categoria 4

Tabela 5.6 Custo e período de retorno do investimento do SWH proposto

Categoria nº.	Custo de SWH, USD	Períodos de recuperação, ano	
		Custo efetivo do kWh	Custo tarifário do kWH
1	320	5.5	> projeto
2	560	5.1	> projeto
3	800	5	10.3
4	1200	5.3	9.2

5.4 Impacto ambiental

As principais áreas de preocupação ambiental relacionadas com a eletricidade produzida por centrais térmicas incluem, entre outras, a poluição da água, a eliminação de resíduos, os poluentes atmosféricos perigosos, a qualidade do ar ambiente e as alterações climáticas globais. É bem sabido que as centrais térmicas são consideradas uma das principais fontes de poluição atmosférica e de gases com efeito de estufa [34]. Nos países em desenvolvimento, o impacto ambiental tem menos prioridade no desenvolvimento económico devido à falta de recursos, aos baixos rendimentos e a outras razões apresentadas em [35]. Aparentemente, uma utilização mais ampla das fontes de energia renováveis levaria a uma menor produção de eletricidade pelos PS térmicos, a uma menor emissão de gases e a uma maior poupança de energia em geral. A Arábia Saudita goza de um elevado nível de radiação solar [36]. No entanto, a utilização das tecnologias de energia solar é muito reduzida em comparação com o seu potencial. Uma dessas tecnologias é o aquecimento solar da água.

As terras altas com altitudes de 1500 m acima do nível do mar ou superiores situam-se entre 18°-21° de latitude (Norte) e 41,0°-44,0° de longitude. Nestas zonas, a aplicação do aquecimento solar da água é muito prometedora, não só devido à elevada disponibilidade de radiação solar durante o ano, mas também devido à perfeita correspondência entre a disponibilidade de radiação solar e a procura de água quente, uma vez que o inverno nestas zonas é bastante frio e geralmente seco.

5.4.1 Avaliação do impacto ambiental (AIA)

Assim, utilizando o Retscreen, calcula-se a conservação de energia que poderia ser alcançada se fosse utilizado o SWH em vez do EWH. Para além disso, é também calculada a poupança de combustível. Em seguida, a redução de emissões é estimada, o que estabelece o Impacto Ambiental do SWH.

Neste trabalho apenas são considerados os impactes da emissão de gases, ou seja, os gases descarregados pelas centrais eléctricas, nomeadamente: SO_2, NOx e CO_2. O nível e o padrão dos impactos dependem, na realidade, da localização da central, do tipo e da quantidade de produção de energia eléctrica. Uma vez que as centrais a gasóleo se situam no interior ou perto das principais cidades, os seus impactos são altamente perigosos para a saúde pública. Isto é particularmente importante porque o teor de enxofre no gasóleo é extremamente elevado e a eficiência da maioria das centrais a gasóleo é baixa. O impacto das centrais a vapor pode ser menos perigoso para a saúde pública, mas as suas emissões de gases são maiores, com as respectivas consequências, como a contribuição para o efeito de estufa e os problemas de ozono.

Naturalmente, a satisfação da procura de aquecimento de água por SWH reduzirá a eletricidade gerada por PS's térmicos, reduzindo assim as emissões de gases. A fim de avaliar este impacto, o modelo RetScreen também é utilizado na análise, considerando os seguintes pressupostos:

1) O caso de referência é o sistema elétrico.
2) O fator de emissão da linha de base (excluindo T&D) é igual a 0,755 tCO2 /MWh
3) As perdas nas linhas de transmissão são iguais a 3 %
4) Fator de emissão total de GEE igual a 0,779 tCO2 / MWh

Os resultados na Tabela 5.8 mostram a redução de CO_2 para cada categoria e a redução total de CO_2 anualmente para a região de Al baha devido à utilização de SWHs em vez de EWHs.

Tabela 5.8 Redução de GEE devido à utilização de SWHs na região de Al Baha

Categoria	Média de kWh/ano poupados	Redução de CO_2, tCO2 /ano/casa	N.° de unidades de alojamento	Redução total tCO_2/ano
Primeiro	1500	0.8	35320	28256
segundo	2000	1.5	23258	34887
Terceiro	2500	2.3	7666	17632
Quarto	3500	3.2	8943	28618
Redução total de $CO_{(2)}$)/ano				**109393**

Capítulo 6

Conclusões

6. Conclusões

O padrão de consumo de energia da Arábia Saudita é insustentável. O país consome atualmente mais de um quarto da sua produção total de petróleo. Isto significa que se tornaria um importador líquido de petróleo em 2038. É possível que se descubram mais reservas de petróleo e se aumente a produção, que o crescimento demográfico diminua e que novas políticas e tecnologias alterem os padrões de consumo, mas, na ausência de tais acontecimentos e com a elevada dependência do país das receitas do petróleo, a economia entraria em colapso antes desse momento. O padrão histórico de consumo de energia da Arábia Saudita tem quatro caraterísticas claras:

1) O consumo de energia tem vindo a aumentar desde o início da década de 1970;
2) O petróleo e o gás continuam a representar a totalidade da produção de energia da Arábia Saudita, continuando o petróleo a dominar o cabaz energético;
3) A diversificação progressiva para o gás começou no início da década de 1970;
4) No entanto, a quota-parte do petróleo no cabaz energético começou a aumentar novamente nos últimos anos.

Uma vez que a energia é um fator essencial para os processos produtivos que geram a produção de um país e para os serviços que melhoram o nível de vida das pessoas, a utilização de mais energia pode ser considerada uma coisa boa. No entanto, utilizar mais recursos energéticos do que o necessário para produzir determinados resultados ao longo do tempo resulta num desperdício de recursos, perdendo-se assim uma oportunidade de os utilizar ou de investir o seu valor noutro local. Por conseguinte, a Arábia Saudita estabeleceu o objetivo de produzir quase metade da sua energia a partir de combustíveis renováveis até 2020, a fim de satisfazer as necessidades energéticas internas e libertar petróleo e gás natural para exportação.

A Arábia Saudita enfrenta um aumento acentuado da procura de eletricidade. A procura é impulsionada pelo crescimento da população, por um sector industrial em rápida expansão liderado pelo desenvolvimento de cidades petroquímicas, pela elevada procura de ar condicionado durante os meses de verão e por tarifas de eletricidade fortemente subsidiadas. Por conseguinte, a Arábia Saudita tem o maior plano de expansão do Médio Oriente para a produção, uma vez que planeia aumentar a capacidade de produção de 55 GW para 120 GW até 2020, com novos aumentos previstos até 2032. Toda a capacidade de produção é térmica (alimentada por hidrocarbonetos como o petróleo bruto e o fuelóleo), mas a Arábia Saudita planeia diversificar os combustíveis utilizados na produção para libertar petróleo para exportação. Os totais de capacidade planeados para 2020 incluem 55 GW de capacidade alimentada por energias renováveis, dos quais 41 GW serão solares.

A Arábia Saudita tem um grande potencial de fontes de energia renováveis que se expande numa área total de 2,15 milhões de km^2 de quatro regiões fisiográficas principais:

1) As montanhas ocidentais com o pico mais alto a 2000 m acima do mar;
2) As colinas centrais que se estendem das montanhas até ao centro do país, onde o verão é predominantemente quente e seco, enquanto o inverno é seco e fresco, com temperaturas nocturnas próximas do zero.
3) As regiões desérticas, com as suas dunas de areia, situam-se a leste das colinas centrais, em direção ao sul e ao sudeste do país.
4) A região costeira inclui a faixa ocidental ao longo do Mar Vermelho e as planícies da costa oriental com os seus oásis. Estas regiões são quentes e húmidas no verão e quentes no inverno.

6.1 Aquecedores solares de água (SWH)

As tecnologias de aquecimento solar de água são métodos simples, fiáveis e económicos de aproveitar a energia do sol para satisfazer as necessidades energéticas de casas e empresas. Os sistemas de aquecimento solar de água são geralmente compostos por colectores solares térmicos e um sistema de fluido térmico para transferir a água quente do coletor para o ponto de utilização. O princípio de funcionamento do SWH é bombeado (sistema ativo) ou conduzido por convecção natural (sistema passivo). O sistema pode utilizar eletricidade para bombear o fluido e ter um reservatório ou tanque para armazenamento do calor e posterior utilização. Os sistemas podem ser utilizados para aquecer água para uma grande variedade de utilizações, incluindo utilizações domésticas, comerciais e

industriais. Os aquecedores solares de água também podem ser classificados como de circuito aberto ou de circuito fechado. O sistema de circuito aberto faz circular a água através do coletor, enquanto o sistema de circuito fechado utiliza um fluido de transferência de calor para recolher o calor e um permutador de calor para transferir o calor para o reservatório de armazenamento.
O dimensionamento do sistema de aquecimento solar de água envolve basicamente a determinação da área total do coletor e o volume de armazenamento necessário para satisfazer as necessidades de água quente do agregado familiar. A orientação, o tamanho, o ângulo de montagem e a eficiência do coletor afectarão o desempenho do sistema de aquecimento solar de água.

6.2 Metodologia de trabalho

Devido à necessidade da Arábia Saudita de diversificar a sua energia e ao facto de existirem grandes potenciais de fontes de energia renováveis nas montanhas ocidentais com o pico mais alto a 2000 m acima do mar, o aquecimento de água doméstica por energia solar térmica na região de Al Bahah é considerado neste trabalho. Al Bahah é uma província no sudoeste da Arábia Saudita e goza de um clima agradável. O clima em Al Baha é grandemente afetado pelas suas caraterísticas geográficas variáveis. O clima em Al-Baha é ameno, com temperaturas que variam entre 12-23 C^0. O clima de Al Baha é moderado no verão e frio no inverno.
Principais etapas da metodologia deste trabalho:
Primeiro) Recolha de dados climáticos da região de Al Baha: Os dados de Al Baha são baseados em três recursos:

- Os registos históricos de 1984 a 2012 do tempo típico na estação meteorológica do Aeroporto Doméstico de Al Baha ao longo de um ano médio.
- A base de dados do RetScreen
- Dados da estação meteorológica local (FOE, Al Baha Uinv. Site) durante o período de trabalho do projeto junho de 2013 - junho de 2014.

Os principais dados climáticos recolhidos são:
1) Temperatura mensal alta, baixa e principal
2) A humidade relativa
3) Intervalos de radiação solar diária

Segundo) Cálculo do consumo de energia dos aquecedores de água eléctricos
Para a realização da avaliação do consumo de energia eléctrica pelos EWH na região de Al Baha:
1) A habitação e a população a nível provincial e a nível da região de Al Baha são estimadas
2) Foram instalados contadores de energia em vários tipos de habitações em Al Baha para determinar o consumo de energia dos aquecedores de água eléctricos. Os tipos de unidades de alojamento são apartamentos, um andar numa casa tradicional e uma vivenda. Um ou mais aquecedores eléctricos estão instalados em cada tipo de unidade habitacional. As medições de energia foram efectuadas durante um ano deste estudo (2014-2015).
3) As unidades habitacionais são classificadas de acordo com o número de EWHs instalados nas unidades e o número de habitantes.
4) Estimativa do consumo de energia através da determinação do total de unidades habitacionais para cada categoria, utilizando a média medida de kWh/ano para calcular o total de energia anual consumida por ano por cada categoria e somando o total de energias anuais consumidas de todas as categorias.

Terceiro) Utilizar a análise do programa RetScreen para:

- Seleção de tipos de SWH adequados
- cálculo Tamanhos adequados de SWH
- Cálculo de fluxos de caixa acumulados
- Estimativa da redução de GEE devido à utilização de SWHs em vez de EWHs.

6.3 Resultados do trabalho

6.3.1 Energia poupada devido à utilização de SWHs

Primeira categoria

A energia poupada pelo SWH desta categoria é igual a 1500 kWh por unidade por ano como valor médio que representa cerca de 20% da energia da unidade habitacional durante o ano.

Segunda categoria

Nesta categoria, o SWH poupou 2000 kWh por unidade por ano como valor médio que representa cerca de 27% da energia da unidade de alojamento durante o ano.

Terceira categoria

Nesta categoria, os SWH economizaram cerca de 2500 kWh por unidade por ano como valor médio que representa cerca de 14% da energia da unidade habitacional durante o ano.

Quarta categoria

A energia economizada pelos SWHs desta categoria é de cerca de 3500 kWh por unidade por ano como valor médio que representa cerca de 20% da energia da unidade habitacional durante o ano.

O total de energia poupada é mostrado na Tabela 6.1, onde a utilização de SWHs poupa 150 GWh/ano ao nível da região de Al-Baha.

Tabela 6.1 Energia poupada com a utilização de SWH em vez de EWH

Categoria	Total de kWh/ano poupados *106
Primeiro	52.98
segundo	46.516
Terceiro	19.165
Quarto	31.3
Total de energia poupada por SWHs	150

6.3.2 Seleção de SWHs

Os aquecedores solares de água propostos para uso na região de Al-Baha são sistemas termossifão porque são suficientes e baratos para uso na região de Al Baha. O tamanho adequado de SWH obtido com base nas categorias de unidades habitacionais mostradas na Tabela 6.2

Tabela 6.2 Tamanhos de SWH

Categoria	Tamanho do SWH,	
	Área, m^2	Tanque Capacidade,
Primeiro	1	80
segundo	2	150
Terceiro	3	200
Quarto	4	320

6.3.3 Cálculos de fluxo de caixa

O retorno simples foi calculado para o tipo de colectores de tubo de vácuo, como mostra a Tabela 6.3.

Tabela 6.3 Período de retorno do custo do SWH proposto

Categoria nº.	Períodos de recuperação, ano	
	Custo efetivo do kWh	Custo tarifário do kWH
Primeiro	5.5	> projeto
Segundo	5.1	> projeto
Terceiro	5	10.3
Quarto	5.3	9.2

6.3.4 Impacto ambiental

Os resultados da Tabela 4.6 mostram a redução das emissões de CO_2 das centrais eléctricas como resultado da utilização de aquecedores solares de água em cada categoria, bem como a redução das emissões anuais totais de CO_2 como resultado da utilização de aquecedores solares de água na região de Al Baha.

Quadro 6.4 Redução das emissões de CO_2 das centrais eléctricas devido à utilização de sistemas de recolha de águas residuais na região de Al Baha

Categoria	Redução de co2, tCO2 /ano/casa	Redução total tCO_2/ano
Primeiro	0.8	28256
segundo	1.5	34887
Terceiro	2.3	17632
Quarto	3.2	28618
Redução total de $CO_{(2)}$)/ano		**109393**

6.4 Recomendações

Tendo observado os resultados acima mencionados, podemos recomendar o seguinte:

- É economicamente viável para os agregados familiares, ao nível atual da tarifa de eletricidade, utilizar SWH em vez de EWH, especialmente os grupos de elevado consumo de água quente. Mas para os agregados familiares da primeira e segunda categorias que utilizam aquecedor solar não é economicamente ineficiente ao nível atual da tarifa de eletricidade, mas se a tarifa de eletricidade aumentar ou no caso de se eliminarem os subsídios aos preços da eletricidade, a utilização de SWH será economicamente viável para todas as categorias.
- O período de retorno do investimento é muito curto em comparação com outros projectos de investimento
- A utilização de SWH tem um impacto económico e ambiental positivo significativo

6.5 Trabalhos futuros

Este trabalho pode ser considerado como uma iniciativa para mais trabalhos de investigação neste domínio e orientado para medições e observações a mais longo prazo, incluindo outros consumidores de água quente, por exemplo, hospitais, hotéis, residências de estudantes, ... etc. Este facto indica claramente a necessidade de prosseguir a investigação, que deverá abranger outros consumidores de água quente e efetuar medições a longo prazo. Nessa altura, seria de esperar uma maior redução das emissões e uma poupança de combustível quando se utilizasse SWH em vez de EWH.

7. Referências

7. Referências

[1] . Administração da Informação sobre Energia dos EUA (eia), 26 de fevereiro de 2013.

[2] . Boletim Estatístico Anual da Organização dos Países Exportadores de Petróleo (OPEP), 2012.

[3] . Saudi Aramco, Análise anual da Administração da Informação sobre Energia dos EUA, eia, 2011

[4] Glada Lahn e Paul Stevens "Burning Oil to Keep Cool -The Hidden Energy Crisis in Saudi Arabia", Chatham House, dezembro de 2011.

[5] Karen Frenken (ed.), " Irrigation in the Middle East Region in Figures, AQUASTAT Survey- 2008, FAQ Land and Water Division (2008), KSA Chapter, 325-337.

[6] Imen Jeridi Bachellerie, "Renewable Energy in the GCC Countries- Resources, Potential, and Prospects", Gulf Research Center, 2012.

[7] S.M. Shaahid e M.A. Elhadidy," Technical and Economic Assessment of Grid-Independent Hybrid Photovoltaic-Diesel-Battery Power Systems for Commercial loads in Desert Environment," Renewable and Sustainable Energy Reviews 11 (2007):1794-1810.

[8] Geman Aerospace Center(DLR), Concentrating Solar Power,56-57, e W.E. Alnaser e N.W.Alnaser, "Solar and Wind Energy potentials in GCC Countries and Some related projects", Journal of Renewable Sustainable Energy(2009).

[9] AIE: Emissões de CO2 provenientes da combustão de combustíveis - Destaques, 2012.

[10] UNFCCC: Relatórios nacionais de comunicação árabes, 2012.

[11] Abdel Gelil et al. "Energy in Arab Environment: Green Economy -Sustainable Transition in a Changing Arab World"; Fórum Árabe para o Ambiente e o Desenvolvimento (AFED), Beirute, Líbano, 2011.

[12] IHS global insight daily analysis, "Mecca to become first Saudi Arabian city to generate electricity from fossil fuel-renewables mix,", 24 de setembro de 2012.

[13] Ibrahim El-Husseini, ...etal," A New Source of Power-The Potential for Renewable Energy in the MENA Region ", booz & Co, março de 2010.

[14] Sítio de dados do Banco Mundial, produzido pela Unidade de Investigação Climática (CRU) da Universidade de East Anglia (UEA).

[15] O relatório "Tempo médio para Al-Baha, Arábia Saudita", https// weatherspark.com

[16] Departamento de Estatística e Informação - resultados detalhados do Recenseamento Geral da Habitação e da População 1431/2010.

[17] AlawajiS.H., 2001. Avaliação da investigação sobre energia solar e suas aplicações na Arábia Saudita - 20 anos de experiência. Renewable and Sustainable Energy Reviews, 5, pp.59-77.

[18] El-shrkawyA.I., 1981. Introdução da energia solar na Arábia Saudita: um estudo de caso. Jornal de Engenharia e Ciências Aplicadas, 1, pp.41-55.

[19] BarasA., BamhairW., AlKhoshi Y., AlodanM., Engel-Cox J.,2012. Opportunities and challenges of solar energy in Saudi Arabia (Oportunidades e desafios da energia solar na Arábia Saudita). Fórum Mundial das Energias Renováveis, 14 de maio.

[20] Al-Saleh Y., Upham P., Malik K., 2008. Renewable Energy Scenarios for the Kingdom of Saudi Arabia (Cenários de energias renováveis para o Reino da Arábia Saudita). Documento de trabalho Tyndall, 125.

[21] Baharuddin A, Kamaruzzaman S, Ghoul MA, Othman MY, Zaharim A, Razali AM. 2009. Economia dos sistemas de aquecimento solar de água quente sanitária na Malásia. Jornal Europeu de Investigação Científica, 26 (1), pp. 20-8.

[22] Chandrasekar B, Kandpal TC, 2004. Sistema de aquecimento solar de água na Índia. Renewable Energy, pp.19-32.

[23] ASHRAE, "Handbook of HVAC Application", ASHRAE, Atlanta, GA, 2007.

[24] ASHRAE," Handbook of Systems and Equipment", ASHRAE, Atlanta, GA, 2004.

[25] Philibert, C., "The Present and Future Use of Solar Thermal Energy as a Primary Source of Energy", Agência Internacional da Energia, Paris, França, 2005.

[26] Mekhilef S, Saidur R, Safari A., 2011. Uma revisão sobre a utilização da energia solar nas indústrias. *Renewable and Sustainable Energy Reviews*, 15(4), pp. 1777-90.

[27] Abdelaziz EA, Saidur R, Mekhilef S.,2011. Uma revisão das estratégias de poupança de energia no sector industrial. *Renewable and Sustainable Energy Reviews,*15(1), pp. 150-68.

[28]Hazza G., Al-AshwalA., 2006.Economic Impact Assessment of Solar Heaters of Household Energy Consumption.*Sana'a University Journal of Science & Technology*, 3 (1), pp. 65-75.

[29] RETScreen® Software Online User Manual, www.retscreen.net.

[30] Al-Ashwal A., HazzaG., Al-Ashwal N.,2006.Environmental Impact Assessment of Using Solar Heaters Instead of Electrical Heaters in the Highlands of Yemen.*World Renewable Energy Congress IX, Florença, Itália*, 19-25 de agosto.

[31] Mirasgedis, S., Diakoulaki, D., Assimacopoulos, D., 1996. Solar energy and the abatement of atmospheric emissions (Energia solar e redução das emissões atmosféricas). *Renewable Energy, 7* (4), pp. 329-338.

[32] Taborianski, V.M., Prado, R.T.A., 2004. Avaliação comparativa da contribuição de sistemas residenciais de aquecimento de água para a variação do estoque de gases de efeito estufa na atmosfera. *Construção e Meio Ambiente*, 39 (6), pp. 645-652.

[33] Tsillingirides, G., Martinopoulos, G., Kyriakis, N., 2004. Life cycle environmental impact of a thermosiphon domestic solar hot water system in comparison with electrical and gas heating. *Renewable Energy*, 29 (8), pp.1277-1288.

[34] Bernard E. A. Fisher, "Environmental Impact of Power Generation", The Royal Society of Chemistry, 1999.

[35] P J G Pearson, "Environmental Impacts of Electricity Generated by Developing Countries : Issues, Priorities and Carbon Dioxide Emissions", IEE Proceedings -A Vol. 140, No.1, janeiro de 1993.

[36] El-shrkawyA.I., 1981. Introdução da energia solar na Arábia Saudita: um estudo de caso. Journal of Engineering and Applied Sciences, 1,pp.41-55, Al-Saleh Y., Upham P., Malik K., 2008. Renewable Energy Scenarios for the Kingdom of Saudi Arabia (Cenários de energias renováveis para o Reino da Arábia Saudita). Documento de trabalho Tyndall, 125

8. Apêndice

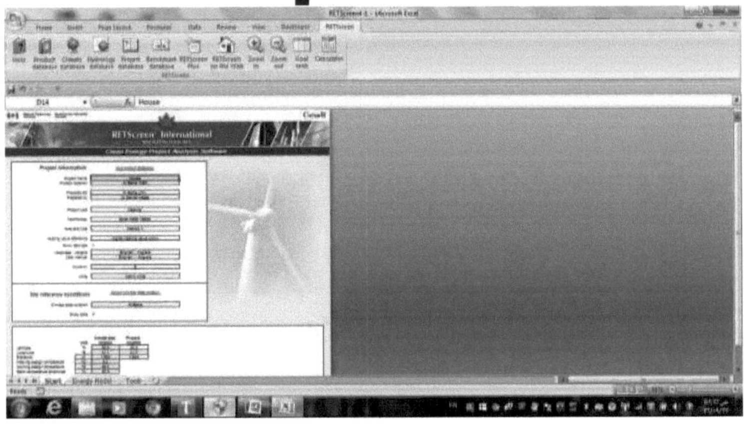
D14
House
RETScreen International
Start
Energy Model
Tools

8. Apêndice

O *ecrã RETS*

Software internacional de análise de projectos de energia limpa[29]

O Software Internacional de Análise de Projectos de Energia Limpa RETScreen pode ser utilizado em todo o mundo para avaliar a produção de energia, os custos do ciclo de vida e as reduções de emissões de gases com efeito de estufa para vários tipos de tecnologias propostas de eficiência energética e de energias renováveis (RETs). O software RETScreen foi desenvolvido para ultrapassar as barreiras à implementação de tecnologias de energia limpa na fase de viabilidade preliminar. Fornece uma metodologia comprovada para comparar tecnologias de energia convencionais e limpas. O analista pode, por conseguinte, concentrar-se no estudo de pré-viabilidade, em vez de desenvolver a metodologia; em combinação com os requisitos mínimos de introdução de dados da ferramenta e as bases de dados meteorológicos e de produtos incorporadas, isto resulta em análises rápidas e exactas que custam cerca de um décimo do montante dos estudos de pré-viabilidade com metodologias desenvolvidas à medida. Isto permite a seleção de vários projectos potenciais, de modo a que os mais promissores possam ser identificados e implementados. Também facilita a partilha de informação através de uma plataforma normalizada e aceite internacionalmente. Todos os modelos de tecnologia de energia limpa no software RETScreen têm um aspeto comum e seguem uma abordagem padrão para facilitar a tomada de decisões - com resultados fiáveis. Cada modelo também inclui bases de dados integradas de produtos, custos e condições meteorológicas e um manual de utilizador online detalhado, que ajudam a reduzir drasticamente o tempo e os custos associados à preparação de estudos de pré-viabilidade. O RETScreen foi concebido para ajudar não só na tarefa de realizar uma análise de projeto, mas também para fornecer informações úteis sobre as tecnologias de energia limpa, sensibilizando assim para as suas capacidades e aplicações. Isto deve ajudar o utilizador a desenvolver uma boa noção de quando uma determinada tecnologia deve ser considerada; também faz do RETScreen um excelente recurso para o ensino e a divulgação de informações.

Fundamental para o Software RETScreen é a comparação entre um "caso base" - tipicamente a tecnologia ou medida convencional - e um "caso proposto" - a tecnologia de energia limpa. Isto tem implicações muito importantes na forma como o utilizador especifica os custos do caso proposto.

No software RETScreen, os benefícios energéticos são os mesmos tanto para o caso de base como para o caso proposto. Se, por exemplo, um parque eólico proposto na rede gera 50.000 MWh por ano, então este valor é comparado com 50.000 MWh de eletricidade de fontes convencionais disponíveis através da rede. Por outro lado, os custos não serão, em geral, os mesmos para o cenário de base e o cenário proposto. Tipicamente, o caso proposto terá custos iniciais mais altos e custos anuais mais baixos. Assim, a tarefa de análise do RETScreen é determinar se o equilíbrio entre os custos e as poupanças ao longo da vida do projeto constituem ou não uma proposta financeiramente atractiva. Isto reflecte-se nos vários indicadores financeiros e nos fluxos de caixa calculados pelo software RETScreen. A análise de redução de emissões de gases com efeito de estufa do RETScreen reporta a redução de emissões de gases com efeito de estufa associada à mudança do cenário de base para a tecnologia do cenário proposto.

A.1 Etapas padrão da análise do projeto

Embora seja utilizado um Modelo de Tecnologia de Energia Limpa RETScreen diferente para cada uma das tecnologias abrangidas pelo RETScreen, o mesmo procedimento de análise padrão de cinco passos é comum a todas elas. Como resultado, o utilizador que aprendeu a utilizar o RETScreen com uma tecnologia não deverá ter problemas em utilizá-lo para outra. Cada um dos cinco passos do procedimento de análise normalizado está associado a uma ou mais folhas de cálculo Excel, que são descritas mais adiante:

PASSO 1 - Modelo Energético: Nesta folha de trabalho, o utilizador especifica os parâmetros que descrevem a localização do projeto energético, o tipo de sistema utilizado no caso base, a tecnologia para o caso proposto, as cargas (quando aplicável) e o recurso de energia renovável (para RETs). Por sua vez, o software RETScreen calcula a produção anual de energia ou a poupança de energia.

PASSO 2 - Análise de Custos: Nesta folha de cálculo, o utilizador introduz os custos iniciais, anuais e periódicos para o sistema do caso proposto, bem como créditos para quaisquer custos do caso de base que sejam evitados no caso proposto (em alternativa, o utilizador pode introduzir diretamente os custos incrementais). O utilizador pode escolher entre realizar um estudo de pré-viabilidade ou um estudo de viabilidade. Para uma "Análise de pré-viabilidade", são normalmente necessárias informações menos detalhadas e menos exactas, enquanto para uma "Análise de viabilidade" são normalmente necessárias informações mais detalhadas e mais exactas.

ETAPA 3- Análise dos gases com efeito de estufa (GEE): Esta folha de cálculo ajuda a determinar a redução anual da emissão de gases com efeito de estufa resultante da utilização da tecnologia proposta em vez da tecnologia do cenário de base. O utilizador pode escolher entre realizar uma análise simplificada, padrão ou personalizada.

PASSO 4 - Resumo Financeiro: Nesta folha de cálculo, o utilizador especifica parâmetros financeiros relacionados com o custo evitado da energia, créditos de produção, créditos de redução de emissões de GEE, incentivos, inflação, taxa de desconto, dívida e impostos. A partir daí, o RETScreen calcula uma variedade de indicadores financeiros (por exemplo, valor atual líquido, etc.) para avaliar a viabilidade do projeto. Um gráfico de fluxo de caixa cumulativo também está incluído na planilha de resumo financeiro.

PASSO 5 - Análise de sensibilidade e de risco: Esta folha de cálculo ajuda o utilizador a determinar como a incerteza nas estimativas de vários parâmetros-chave pode afetar a viabilidade financeira do projeto. O utilizador pode efetuar uma análise de sensibilidade ou uma análise de risco, ou ambas.

A.2 Modelo de análise financeira

O modelo de análise financeira RETScreen, que se encontra na folha de cálculo do resumo financeiro do software RETScreen, permite ao utilizador introduzir vários parâmetros financeiros, como taxas de desconto, etc., e calcular automaticamente os principais indicadores de viabilidade financeira, como a taxa interna de retorno, o retorno simples, o valor atual líquido, etc. O modelo parte dos seguintes pressupostos:

1) O ano de investimento inicial é o ano 0;

2) Os custos e créditos são apresentados em termos do ano 0, pelo que a taxa de inflação (ou a taxa de escalonamento) é aplicada a partir do ano 1; e

3) A calendarização dos fluxos de caixa ocorre no final do ano.

Com o método de amortização linear, o modelo de análise financeira assume que os custos capitalizados do projeto, tal como especificados pela base fiscal de amortização, são amortizados a uma taxa constante durante o período de amortização. A parte dos custos iniciais não capitalizada é considerada como despesa durante o ano de construção, ou seja, no ano 0. Neste método, são utilizadas as seguintes fórmulas:

Para o ano zero e para os anos seguintes do período de amortização:

$$CCA_0 = C\,(1 - \delta) \tag{A.1}$$

onde

$$CCA_n = \frac{C\,\delta}{N_d} \tag{A.2}$$

N_d é o período de depreciação definido pelo utilizador, em anos

δ é a base fiscal de depreciação utilizada para especificar que parte dos custos iniciais são capitalizados e podem ser depreciados para efeitos fiscais.

C é o custo inicial total do projeto

A.3 GEE para modelos de tecnologias de produção de eletricidade

A redução anual das emissões de GEE é estimada na folha de cálculo da Análise da Redução das Emissões de GEE. A redução ΔGHG é calculada da seguinte forma:

$$\Delta_{GHG} = (e_{base} - e_{prop})E_{prop}\,(1 - \lambda_{prop})(1 - e_{cr}) \tag{A.3}$$

onde;

e_{base} é o fator de emissão de GEE do cenário de referência,

e_{prop} é o fator de emissão de GEE do cenário proposto,

E_{prop} é a produção anual de eletricidade no cenário proposto,

λ_{prop} é a fração de eletricidade perdida na transmissão e distribuição (T&D) para o caso proposto, e

e_{cr} é a taxa de transação do crédito de redução de emissões de GEE.

Printed by Books on Demand GmbH, Norderstedt / Germany